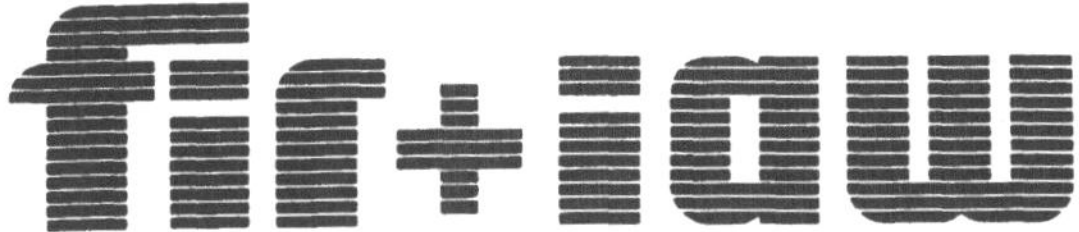

Forschung für die Praxis • Band 27

Berichte aus dem
Forschungsinstitut für Rationalisierung (FIR)
und dem Lehrstuhl und Institut
für Arbeitswissenschaft (IAW)
der Rheinisch-Westfälischen
Technischen Hochschule Aachen

Herausgeber: Univ.-Prof. Dr.-Ing. R. Hackstein

M. Braun

# Konzepte der CAD / PPS-Kopplung

Mit 67 Abbildungen

Springer-Verlag
Berlin Heidelberg New York
London Paris Tokyo Hongkong 1990

Dipl.-Ing. Markus Braun

Forschungsinstitut für Rationalisierung
an der Rheinisch-Westfälischen Technischen Hochschule Aachen

Univ.-Prof. Dr.-Ing. Rolf Hackstein

Inhaber des Lehrstuhls und Direktor des Instituts für Arbeitswissenschaft, Direktor des Forschungsinstituts für Rationalisierung an der Rheinisch-Westfälischen Technischen Hochschule Aachen

D 82 (Diss. TH Aachen)

Beitrag zur technisch-organisatorischen Gestaltung von Kopplungen zwischen CAD- und PPS-Systemen in Unternehmen des Maschinen- und Anlagenbaus

**ISBN-13: 978-3-540-52492-2** **e-ISBN-13: 978-3-642-84174-3**
**DOI: 10.1007/978-3-642-84174-3**



Gesamtherstellung:
Becker-Kuns · Druck + Verlag GmbH · Peliserkerstr. 86 · 5100 Aachen · Tel. 0241 / 153767
2160 / 3020-543210

## Vorwort des Herausgebers

Die Mechanisierung und Automatisierung der industriellen Produktion hat in den vergangenen Jahren weiter ständig zugenommen. Begriffe wie "Flexible Fertigungssysteme", "Robotereinsatz" oder "CNC-Maschinen" sind einige Deskriptoren dieser Entwicklung. Mit steigender Komplexität der eingesetzten Anlagen, Maschinen und Verfahren erhöhen sich auch die Anforderungen an die Organisation des Zusammenwirkens von Mensch, Betriebsmittel und Material. Die Beherrschung und Verbesserung dieser Ablauforganisation wird mehr und mehr zum entscheidenden Faktor für einen erfolgreichen Einsatz moderner Produktionstechnologien.

Die Ablauforganisation in den Fabriken der Zukunft wird vom Einsatz der Informationstechnik geprägt sein. Einen der Anwendungsschwerpunkte der Informationstechnik in der Ablauforganisation von Produktionsbetriebe bildet der Einsatz von Informationssystemen für die Planung und Steuerung von Produktionsabläufen einschließlich des Transportes und der Lagerung.

Der Erfolg solcher Informationssysteme ist in besonderem Maße davon abhängig, wie gut es gelingt, bei der Entwicklung und beim Einsatz der Systeme gleichermaßen sowohl die technisch-organisatorischen als auch die humanen (arbeitswissenschaftlichen) Aspekte zu berücksichtigen. Während sich die technologische Entwicklung nämlich auf dem Hardware-Sektor äußerst rasant vollzieht, ist zu beobachten, daß zwischen der durch die Hardware gebotenen Möglichkeiten und der durch entsprechende Methoden und Programme (Software) realisierten Anwendungen eine immer größere Lücke entsteht, die als "Software-Lücke" bezeichnet wird.

Erfolge beim betrieblichen Einsatz können weiterhin aber auch nur dann erreicht werden, wenn der Mensch die oben genannten Informationssysteme akzeptiert. Das aber gelingt nur, wenn der

Mensch die sich ergebenden Veränderungen positiv bewältigen kann. Da bisher zu wenig Beweglichkeit, Einfallsreichtum und Flexibilität bei der Entwicklung neuer Bedingungen für die Gestaltung der Arbeitszeit, des Arbeitsplatzes, des Arbeitskräfteeinsatzes, der Arbeitsorganisation und ähnlichem festzustellen ist, zeigt sich hier eine zweite, immer größer werdende Lücke, die vielfach als "Akzeptanzlücke" bezeichnet wird und die in ihren negativen Auswirkungen der "Software-Lücke" sicherlich nicht nachsteht.

Darüber hinaus ist es heute im Hinblick auf die Wirtschaftlichkeit von Neuen Technologien noch allzu häufig üblich, daß man unter der Forderung nach "geringeren Kosten" vorzugsweise "geringere Produktionskosten" und unter "höherer Leistung" vorzugsweise "höhere menschliche Anstrengung" versteht. Es erhebt sich aber vor dem Hintergrund der Massenarbeitslosigkeit die Frage, inwieweit man heute Neue Technologien als Ersatz für Alte Technologien vorzugsweise durch Reduzierung der Personalkosten anstreben muß und man höhere Leistung vorzugsweise nur durch Erhöhung der menschlichen Anstrengung erreichen kann.

Industrielle Führungskräfte sollen hingegen wissen, daß gerade die mit dem Begriff des Computers verbundenen Neuen Technologien so gestaltbar sind, daß dem Menschen nicht höhere Anstrengungen zugemutet wird, sondern der Computer die Arbeit des Menschen so unterstützen kann, daß das Leistungsergebnis- und darauf kommt es ja an - verbessert wird. Es ist folglich zu prüfen, welche Neuen Technologien geeignet sind, sowohl die Wirtschaftlichkeit zu steigern, als auch den Personalfreisetzungseffekt zu vermeiden.

Die Arbeiten der beiden vom Herausgeber geleiteten Institute, des Forschungsinstitutes für Rationalisierung (FIR) an der RWTH Aachen und des Lehrstuhls und Institutes für Arbeitswissenschaft (IAW) der RWTH Aachen, sind vor diesem Hintergrund darauf gerichtet, Beiträge zur Schließung der angezeigten Lücken und zur Realisierung der genannten Forderungen zu leisten. zur Umsetzung gewonnener Erkenntnisse wird die Schriftenreihe "FIR-IAW-Forschung für die Praxis" herausgegeben. Der vorliegende Band setzt diese Reihe fort. Die bisher erschienenen Titel sind am Schluß dieses Bandes aufgeführt.

Dem Verfasser danke ich für die geleistete Arbeit, dem Verlag für die Aufnahme dieser Schriftenreihe in sein Programm und allen anderen Beteiligten für ihren Beitrag zum Gelingen des Bandes.

Rolf Hackstein

# Inhaltsverzeichnis

# 1. Einleitung

Das Konzept des Computer Integrated Manufacturing (CIM) prägt die derzeitigen Rationalisierungsmaßnahmen in Unternehmen des Maschinen- und Anlagenbaus. Die diesem Konzept zugrunde liegende Idee, die Verbindung der seit den späten fünfziger Jahren in den Produktionsbereichen als Insellösungen eingeführten EDV-Systeme, wurde zu Beginn der siebziger Jahre insbesondere von HARRINGTON (1973) formuliert. Zu Beginn der achtziger Jahre von EDV-Anbietern aufgegriffen, avancierte dieses Konzept Mitte der achtziger Jahre zum beherrschenden Thema in der Diskussion über die Fabrik der Zukunft. Bis heute hat dieses Konzept nichts von seiner Attraktivität verloren. Jedoch kann festgestellt werden, daß CIM heute nicht mehr als Philosophie für die Gestaltung der Betriebsorganisation in ferner Zukunft diskutiert wird, sondern sich als Leitgedanke bei der Planung und Realisierung von Rationalisierungsmaßnahmen im Maschinen- und Anlagenbau etabliert hat. Im Rahmen dieses Konkretisierungsprozesses haben sich die in Abbildung 1.1 dargestellten Integrationspfade herauskristallisiert. Neben der Verbindung von CAM und PPS sowie von CAD, CAP und CAM stellt die Verbindung des Computer Aided Design (CAD) und der Produktionsplanung und -steuerung (PPS) einen dieser Integrationspfade dar.

Im Mittelpunkt der Verbindung von CAD und PPS steht der Austausch von Stücklisten und Teilestammdaten. Da Stücklisten und Teilestammdaten von der Produktionsplanung und -steuerung als Planungsgrundlagen benötigt und daher in der Regel in PPS verwaltet werden, liegt die Forderung auf der Hand, die von der Konstruktion in CAD erstellten Daten mit Hilfe einer Verbindung von CAD und PPS an PPS zu übergeben (vgl. HACKSTEIN 1989, S. 266). Wesentliche Nutzeffekte dieser Verbindung liegen demnach in der Einsparung von Mehrfacherfassungen gleicher Daten, womit sowohl die Produktivität wie auch die durch mögliche Fehler bei der manuellen Eingabe beeinflußte Datenqualität gesteigert werden. Hieraus resultierend läßt sich die Durchlaufzeit zur technischen Auftragsabwicklung mit einer Verbindung von CAD und PPS positiv beeinflussen. Ein weiterer wesentlicher Vorteil liegt in der durch eine Verbindung von CAD und PPS verbreiterten Informationsbasis für die Benutzer beider Systeme. Durch die Verbindung wird die Möglichkeit des Zugriffs auf die Datenverwaltung des jeweils anderen Systems geschaffen. Damit kann beispielsweise die Konstruktion von CAD-Arbeitsplätzen auf das PPS-System zwecks Suche nach Wiederverwendungsteilen zugreifen (vgl. HACKSTEIN 1989, S. 264).

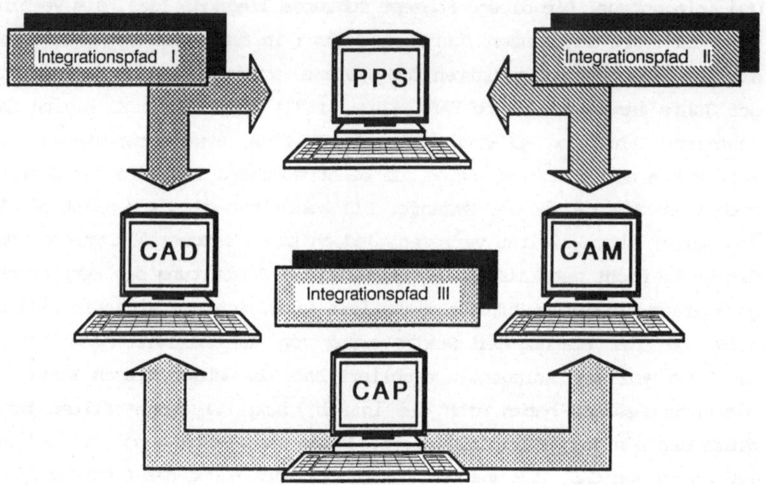


Abb. 1.1: Integrationspfade des Computer Integrated Manufacturing (CIM) (in Anlehnung an BRAUN u.a. 1988, S. 23)

Wenn auch in der Literatur bei der Vorstellung realisierter Verbindungen zwischen CAD- und PPS-Systemen häufig der Begriff Integration verwendet wird, so charakterisiert das verwendete Datenhaltungskonzept diese Lösungen dennoch als Kopplungen. Lösungen, die zumindest einen Teil der bei Kopplungen redundant verwalteten Daten redundanzfrei halten und damit als teilweise integriert bezeichnet werden können, befinden sich derzeit in Entwicklung (ABRAMOVICI u.a. 1989, S. 60). Kennzeichnend für die am Markt angebotenen Lösungen ist eine Datenübertragung in festgelegten Zeitintervallen, so daß die Aktualität und damit die Konsistenz der Daten nicht gewährleistet ist (vgl. ABRAMOVICI u.a. a.a.O.). Derartige Verbindungen erfüllen damit nicht die Kriterien, die nach KÖHL (1989, S. 13 f.) eine Integration kennzeichnen und sind daher als Kopplungen zu bezeichnen. Mit der fehlenden Gewährleistung der Datenkonsistenz steht den Vorteilen einer CAD/PPS-Kopplung ein für die praktische Anwendung äußerst bedeutsamer Nachteil gegenüber. Um die Datenkonsistenz trotz technischer Unzulänglichkeiten zu gewährleisten und die Vorteile einer Kopplung zu nutzen, sind organisatorische Maßnahmen zu ergreifen.

Kennzeichnend für die in der betrieblichen Praxis realisierten Kopplungen ist vielfach die Ausrichtung des Gestaltungskonzeptes auf die technischen Möglichkeiten unter Vernachlässigung der organisatorischen Gestaltungsspielräume. Häufig wird bei der Realisierung von CAD/PPS-Kopplungen die Notwendigkeit der gemeinsamen Optimierung von Organisation und EDV-Technik nicht erkannt, wie LAY u.a. (1989, S. 15) bei der Vorstellung ihrer Untersuchungsergebnisse feststellen. Nach HACKSTEIN (1987, S. 1) ist die Organisation selbst Bestandteil des Computer Intergrated Manufacturing (CIM). Dementsprechend muß die Gestaltung der Organisation ebenso wie die Konzipierung des Einsatzes der EDV-Technik im Mittelpunkt der Realisierung einer CAD/PPS-Kopplung stehen, um die angestrebten Ziele zu erreichen. LAY u.a. (1989, S. 15) bestätigen dies. Sie kommen auf der Basis ihrer Untersuchungsergebnisse zu dem Schluß, daß eine gemeinsame Optimierung von Organisation und EDV-Technik eine wesentliche Voraussetzung für eine umfassende Nutzung der Möglichkeiten einer CAD/PPS-Kopplung darstellt.

Diese Zusammenhänge zeigen deutlich die Notwendigkeit von Vorschlägen zur technisch-organisatorischen Gestaltung einer CAD/PPS-Kopplung. Derartige Gestaltungsvorschläge wurden jedoch bislang nicht entwickelt. Diskutiert werden in der einschlägigen Literatur neben allgemeinen hypothetischen Aussagen über organisatorische Konsequenzen einer CAD/PPS-Kopplung (vgl. GEITNER 1987, S. 47; HOFF 1987, S. 12 f.) lediglich singuläre Kopplungskonzepte. Organisatorische Maßnahmen werden bei der Vorstellung dieser Kopplungskonzepte nur am Rande behandelt. Demgegenüber steht ein erheblicher Bedarf für derartige Gestaltungsvorschläge. Wie die Ergebnisse einer Breitenerhebung des Instituts für sozialwissenschaftliche Forschung (ISF) in Zusammenarbeit mit dem Forschungsinstitut für Rationalisierung (FIR) in mehr als 500 Unternehmen des Maschinenbaus zeigen, ist die Realisierung einer CAD/PPS-Kopplung bei mehr als 15,8 % der Unternehmen geplant (SCHULTZ-WILD u.a. 1989).

Vor dem aufgezeigten Hintergrund soll mit der vorliegenden Arbeit ein Beitrag zur technisch-organisatorischen Gestaltung von Kopplungen zwischen CAD- und PPS-Systemen in kleinen und mittleren Unternehmen des Maschinen- und Anlagenbaus geleistet werden. Dementsprechend steht die Entwicklung von Vorschlägen zur technisch-organisatorischen Gestaltung dieser Kopplung im Mittelpunkt der vorliegenden Arbeit.

Die den in der betrieblichen Praxis realisierten Kopplungen zugrunde liegenden Gestaltungskonzepte weisen einen suboptimalen Zustand auf, wie eigene Studien ergaben. Bestätigt wird dies durch die Ergebnisse der Untersuchungen von LAY u.a. (1988, S. 84). Daher muß bei der Entwicklung der Gestaltungsvorschläge auf eine empirisch-induktive Vorgehensweise verzichtet werden. Vielmehr sind diese Vorschläge analytisch-deduktiv zu entwickeln und empirisch zu überprüfen. Dazu wird im Anschluß an die Entwicklung der technisch-organisatorischen Gestaltungsvorschläge eine Fallstudie in einem Unternehmen der Zielgruppe durchgeführt. Die empirisch-induktive Ermittlung von optimalen Gestaltungsvorschlägen kann erst zu einem späteren Zeitpunkt erfolgen und bleibt weiteren wissenschaftlichen Untersuchungen vorbehalten.

# 2. Begriffsbestimmungen

## 2.1 Computer Aided Design (CAD)

"CAD ist ein Sammelbegriff für alle Aktivitäten, bei denen die EDV direkt oder indirekt im Rahmen von Entwicklungs- und Konstruktionstätigkeiten eingesetzt wird. Dies bezieht sich im engeren Sinn auf die graphisch-interaktive Erzeugung und Manipulation einer digitalen Objektdarstellung, z.B. durch die zweidimensionale Zeichnungserstellung oder durch die dreidimensionale Modellbildung" (AWF 1985, S. 4). Dem Computer Aided Design werden nach AWF (a.a.O.) die Funktionen Entwicklungstätigkeiten, technische Berechnungen, Konstruktionstätigkeiten und Zeichnungserstellung zugeordnet. Zur weiteren Präzisierung soll auf die von EVERSHEIM (1982, S. 73 ff.) vorgenommene Aufgabengliederung der Konstruktion zurückgegriffen werden. EVERSHEIM (a.a.O.) unterscheidet die Teilaufgaben

- Konzipieren und Entwerfen,
- Berechnen,
- Zeichnungserstellung,
- Stücklistenerstellung und -verwaltung sowie
- Informieren.

## 2.2 Produktionsplanung und -steuerung (PPS)

"PPS bezeichnet den Einsatz rechnerunterstützter Systeme zur organisatorischen Planung, Steuerung und Überwachung der Produktionsabläufe von der Angebotsbearbeitung bis zum Versand unter Mengen-, Termin- und Kapazitätsaspekten" (AWF 1985, S. 8). HACKSTEIN (1984, S. 5 ff.) gliedert die PPS weiter in die beiden Teilgebiete Produktionsplanung und Produktionssteuerung, die er ihrerseits weiter in sechs Hauptfunktionen unterteilt. Das Teilgebiet Produktionsplanung umfaßt die Hauptfunktionen Produktionsprogrammplanung, Mengenplanung und Termin- und Kapazitätsplanung. Dem Teilgebiet Produktionssteuerung werden die Hauptfunktionen Auftragsveranlassung und Auftragsüberwachung zugeordnet. Die Hauptfunktion Grunddatenverwaltung wird beiden Teilgebieten zugerechnet, da diese gleichermaßen auf produktionsbezogene Daten zurückgreifen müssen.

Weitergehende Präzisierungen der in Abbildung 2.1 aufgezeigten Funktionen der PPS, sowie zugehörige Definitionen und Erläuterungen finden sich in HACKSTEIN (1984, S. 9 ff.), HACKSTEIN (1988, S. 13 ff.) und HACKSTEIN (1989, S. 161 ff.).

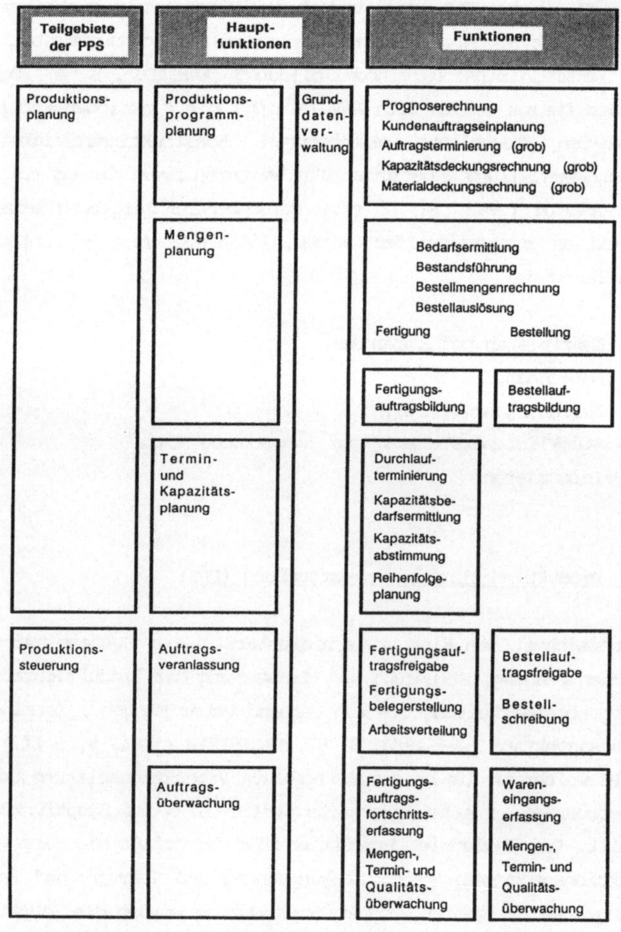


Abb. 2.1: Funktionen der Produktionsplanung- und -steuerung (HACKSTEIN 1989, S. 161)

## 2.3 Computer Integrated Manufacturing (CIM)

Nach AWF (1985, S. 11) beschreibt CIM "den integrierten EDV-Einsatz in allen mit der Produktion zusammenhängenden Betriebsbereichen. CIM umfaßt das informationstechnologische Zusammenwirken zwischen CAD, CAP, CAM, CAQ und PPS. Hierbei soll die Integration der technischen und organisatorischen Funktionen zur Produkterstellung erreicht werden. Dies bedingt die gemeinsame, bereichsübergreifende Nutzung einer Datenbasis" (Abbildung 2.2).

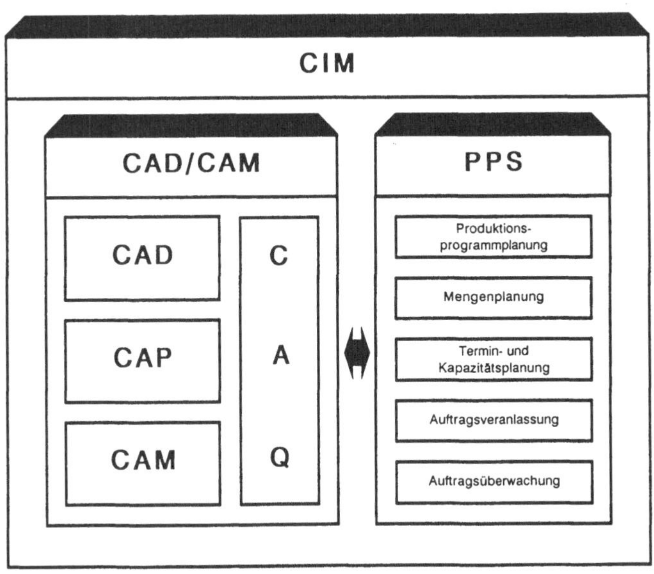


Abb. 2.2: CIM-Definition nach AWF (1985, S. 11; in Zusammenarbeit mit FIR, IAO, IPA, RKW, VDI-ADB, VDMA und WZL)

Die Bemühungen im Rahmen von CIM orientierten sich an den globalen Zielsetzungen der Rationalisierung von Datenfluß und Datenverwaltung sowie der Optimierung der Organisation (vgl. BRAUN u.a. 1988, S. 19). Grundlage dieser Zielsetzungen ist die Schaffung von Verbindungen zwischen den CIM-Bausteinen. Damit besteht die Möglichkeit, Daten nur einmal zu erfassen und somit die Mehrfacherfassung gleicher Daten zu vermeiden, die für unverbundene CIM-Bausteine, also sogenannte Insellösungen, typisch ist. Durch den Fortfall der wiederholten manuellen Dateneingaben werden zudem Übertragungsfehler vermieden und die Datenqualität positiv beeinflußt. Darüber hinaus werden mit der Verbindung der CIM-Bausteine die Voraussetzungen geschaffen, Entscheidungsträgern Daten in größerem Umfang und höherer Aktualität als bisher am Arbeitsplatz zur Verfügung zu stellen. Diese Erweiterung der Informationsbasis ist Grundlage für eine Verbesserung der Entscheidungsergebnisse (vgl. BRAUN u.a. 1988, S. 19).

## 2.4 Kopplung von CIM-Bausteinen

Die Definition des Begriffs Kopplung muß eine Abgrenzung zu dem Begriff Integration einschließen, da diese Begriffe in der einschlägigen Literatur fälschlicherweise häufig als Synonyme verwendet werden. Zwar weisen die beiden Begriffe große Ähnlichkeit auf, beide kennzeichnen die Verbindung von Systemen, also die Verknüpfung von EDV-Systemen und deren Benutzer in ihrer Organisationsumgebung, jedoch bei unterschiedlichen Voraussetzungen und mit unterschiedlichen Zielsetzungen. Unter Kopplung verstehen HELLWIG u.a. (1985, S. 29) eine "datentechnische Verknüpfung zweier getrennter Programmsysteme, die getrennte Daten- und Speicherstrukturen haben." Zwei EDV-Systeme bezeichnen sie als integriert, wenn jedes System direkt Informationen für das andere System erzeugen und übergeben kann, ohne daß Kopplungsprozeduren zwischengeschaltet werden müssen. SCHOLZ (1988, S. 22 f.) führt diese Definition noch detaillierter aus. Er spricht von Integration, falls ein Gesamtsystem existiert, bei dem "... ein einheitliches Modell mit einer allgemeingültigen Daten- und Speicherstruktur zugrunde liegt." Unter Kopplung versteht er, ebenso wie HELLWIG u.a. (1985, S. 29), die Verknüpfung getrennter Programmsysteme, die in der Regel über unterschiedliche und getrennte Daten- und Speicherstrukturen verfügen. Die Verbindung erfolgt über eine Zwischendatei und/oder eine Kopplungsprozedur. KÖHL (1989, S. 13 f.) greift die Definition des Begriffs Integration von SCHOLZ (1988, S. 23) auf. Als Kennzeichen einer Integration definiert sie die gemeinsame Kontrolle und Verwaltung aller Daten, so daß Änderungen der Daten für alle Funktionen sofort verfügbar sind und damit die Konsistenz der Daten gewährleistet ist.

Generell schließen Kopplung und Integration organisatorische Regelungen, die das Zusammenwirken der Benutzer der verbundenen EDV-Systeme festlegen, ein. Für MAIER (1987, S. 17) beispielsweise beinhaltet eine Kopplung die daten- und ablauftechnische Verbindung von Systemen. Nach HIRSCH-KREINSEN (1986, S.17) darf die Integration nicht nur informationstechnisch verstanden werden, da sie "in hohem Maße prozeßorganisierenden Charakter" aufweist. LAY u.a. (1989, S. 15) sprechen von der "Notwendigkeit einer gemeinsamen Optimierung von Technologie und Organisation" als Kennzeichen der Integration von CAD- und PPS-Systemen.

Unter Kopplung von CIM-Bausteinen soll daher, in Anlehnung an die Definitionen und Begriffsauffassungen von HELLWIG u.a. (1985, S. 29), MAIER (1987, S. 17), SCHOLZ (1988, S. 22), KÖHL (1989, S. 13 f.) und LAY u.a. (1989, S. 15), die Verbindung von EDV-Systemen mit getrennten und unterschiedlichen Daten- und Speicherstrukturen sowie die organisatorischen Regelungen für das Zusammenwirken der Benutzer der verbundenen EDV-Systeme verstanden werden. Die Verbindung der EDV-Systeme erfolgt bei einer Kopplung über Zwischendateien und/oder Kopplungsprozeduren. Eine gemeinsame Kontrolle und Verwaltung aller Daten ist nicht gegeben.

## 2.5 Organisation

Die unterschiedlichen Auffassungen über Organisation und die Vielzahl der Definitionen in der Literatur machen eine Begriffsbestimmung dessen, was im Rahmen dieser Arbeit unter Organisation verstanden werden soll, notwendig. Grundsätzlich wird in der Literatur zwischen dem universalen, institutionalen und instrumentalen Organisationsbegriff unterschieden.

Als Vertreter der universalen Organisationsbegriffsauffassung sei hier BOGDANOW (1926) genannt. Er begreift neben künstlichen auch natürliche Systeme als Organisationen. "Die Natur ist in der Tat der große erste Organisator und der Mensch ist nichts anderes als eines ihrer organisierten Erzeugnisse" (BOGDANOW 1926, S. 21). Dieser universale Organisationsbegriff stimmt weitgehend mit dem Systembegriff der Allgemeinen Systemtheorie überein (vgl. HOFFMANN 1980a, Sp. 1426).

Kennzeichnend für die institutionale Organisationsauffassung ist die Belegung von sozialen Systemen mit dem Begriff Organisation. "Wenn wir ... von Organisation sprechen, so meinen wir damit soziale Gebilde, die dauerhaft ein Ziel verfolgen und eine formale Struktur aufweisen, mit deren Hilfe die Aktivitäten der Mitglieder auf das verfolgte Ziel ausgerichtet werden sollen" (KIESER, KUBICEK 1983, S. 1). Organisation wird dabei als Oberbegriff für Institutionen, wie z.B. Unternehmungen, Parteien, Kirchen oder Schulen verwendet. Im Vordergrund der Betrachtungen stehen die sozialen Beziehungen der Mitglieder dieser Institutionen.

In den Ingenieur- und Wirtschaftswissenschaften wird Organisation zumeist instrumental verstanden, d.h. als Mittel zur Erreichung der Ziele sozio-technischer Systeme. Der instrumentale Organisationsbegriff wird schon relativ früh in der deutschen Organisationslehre vertreten. NORDSIECK definiert bereits 1934 Organisation als "System geltender organisatorischer Regelungen, deren Sinnzusammenhang durch die oberste Betriebsaufgabe gegeben ist" (NORDSIECK 1934, S. 15). ULRICH (1949, S. 26) und später KOSIOL (1962, S. 21) lehnen sich stark an diese Definition an, unterscheiden aber diese strukturorientierte Sichtweise von der handlungsorientierten. GROCHLA bestätigt diese Auffassung mit der Formulierung: "Einmal kann unter Organisation eine Gestaltungshandlung verstanden werden, zum anderen wird auch das Ergebnis solcher Gestaltungshandlungen - die Struktur - als Organisation bezeichnet" (GROCHLA 1966, S. 76).

Ziel der vorliegenden Arbeit ist es, Vorschläge für die Gestaltung eines eng umrissenen Teils des sozio-technischen Systems Unternehmung zu entwickeln, d.h. organisatorische Regeln zu erarbeiten, die als Instrumente zur Erreichung der Unternehmensziele dienen. In Übereinstimmung mit der Organisationsauffassung in der Wirtschaftspraxis wird daher in dieser Arbeit der instrumentale Organisationsbegriff verwendet und die Definition von GROCHLA zugrunde gelegt: "Das System der organisatorischen Regeln, d.h. der personenbezogenen Verhaltensregeln (Verhaltenserwartungen) und der maschinenbezogenen Funktionsregeln (Leistungsanforderungen), wird als Organisation bezeichnet" (GROCHLA 1978, S. 12).

Anstelle von Organisation wird in den Ingenieurwissenschaften in der Regel von Betriebsorganisation gesprochen. "Betriebsorganisation ... umfaßt die Planung, Gestaltung und Steuerung von Arbeitssystemen ... mit dem Ziel der Schaffung eines wirtschaftlichen und humanen Betriebsgeschehens. ... Somit umfaßt die Betriebsorganisation die Organisation aller betrieblichen Bereiche ..." (REFA 1985, S. 12-15).

Die Betriebsorganisation geht von einer Trennung zwischen Aufbau- und Ablauforganisation aus. Es handelt sich dabei um zwei unterschiedliche Sichtweisen der gesamten Organisationsproblematik. "Einmal geht es um die Bildung funktionsfähiger Teilsysteme und deren Koordination. Das ist der Fragenkomplex, den wir als Aufbauorganisation bezeichnen. Durch diese wird der Arbeitsprozeß aufgabenmäßig strukturiert ... Beim zweiten Aspekt geht es um die Strukturierung der zur Aufgabenerfüllung erforderlichen Arbeitsvorgänge. Das ist der Fragenkomplex, den wir als Ablauforganisation bezeichnen. Durch die technische Ablauforganisation wird der Arbeitsprozeß im technischen Bereich eines Betriebes zielerreichungsmäßig strukturiert ..." (HACKSTEIN 1988, S. 2). Die Betonung der Strukturierung und der Ausrichtung auf die Ziele machen deutlich, daß es sich um eine instrumentale Betrachtungsweise der Organisation handelt.

Diese Trennung in Aufbau- und Ablauforganisation wird von NORDSIECK (1934) entwickelt, von KOSIOL (1962) ausgebaut und bis zur Gegenwart weiter verfolgt. Zu beachten ist, daß die beiden Sichtweisen das Ergebnis einer gedanklichen Trennung sind, die "ein stufenweises Vorgehen bei der Bewältigung der komplexen, organisatorischen Gesamtaufgaben ermöglicht" (KOSIOL 1980, Sp. 2).

Die starke Verknüpfung von aufbau- und ablauforganisatorischen Fragen zeigt, daß in der praktischen Gestaltung diese Trennung häufig nicht durchführbar ist (vgl. WILD 1966, S. 125). Für die vorliegende Aufgabenstellung, die technisch-organisatorische Gestaltung der CAD/PPS-Kopplung, die sowohl die Aufgabenverteilung, als auch die Strukturierung der Aufgabenerfüllungsprozesse beinhaltet, wird die Trennung daher nicht vollzogen.

## 3. Darstellung des Erkenntnisstandes

Auf dem Gebiet der Betriebsorganisation wird die aktuelle Diskussion in der Literatur und auf Kongressen durch das Thema Computer Integrated Manufacturing (CIM) geprägt. Zur Systematisierung dieser Diskussion wurden verschiedene Ansätze der Strukturierung des Themas unternommen und, je nach Abstraktionsgrad, zwei bis fünf Integrationspfade herausgearbeitet (vgl. FÖRSTER 1985, S. 59; WIRTH 1986, S. 31; GEITNER 1987, S. 17; HACKSTEIN 1987, S. 12; HOFF 1987, S. 9 ff.; BRAUN u.a. 1988, S. 22; SCHEER 1988, S. 348 ff.). In den Gesamtzusammenhang CIM kann die vorliegende Aufgabenstellung besonders deutlich anhand des in BRAUN u.a. (1988, S. 22) vorgestellten Strukturierungsansatzes eingeordnet werden. Neben der CAD/PPS-Kopplung werden bei BRAUN u.a. (a.a.O., S. 22 f.) die Integrationspfade CAM/PPS-Kopplung und CAD/CAP/CAM-Kopplung unterschieden. Im Mittelpunkt der CAM/PPS-Kopplung steht der Datenaustausch zwischen Fertigungseinrichtungen und den PPS-Funktionen Auftragsveranlassung und -überwachung. Kennzeichen der CAD/CAP/CAM-Kopplung ist der Austausch von geometrischen und technologischen Daten, die im Rahmen der Erzeugnisentwicklung und -fertigung generiert und weiterverarbeitet werden.

Während die Entwicklung von Vorschlägen zur technisch-organisatorischen Gestaltung der CAM/PPS- wie CAD/CAP/CAM-Kopplung bereits Gegenstand von wissenschaftlichen Arbeiten war (vgl. insbesondere HELLWIG u.a. 1983; FÖRSTER u.a. 1987), muß für die CAD/PPS-Kopplung diesbezüglich ein Defizit festgestellt werden. Dies ist um so bemerkenswerter, als das die technisch-organisatorische Gestaltung von ausschlaggebender Bedeutung für den Erfolg einer solchen Kopplung angesehen wird. LAY u.a. (1989, S. 15) kommen in ihrer Untersuchung zu dem Schluß, daß die Vernachlässigung "einer gemeinsamen Optimierung von Technologieeinsatz und Organisation" eine umfassende Nutzung der Möglichkeiten einer CAD/PPS-Kopplung verhindert (vgl. auch FÖRSTER 1985, S. 59; EVERSHEIM u.a. 1987, S. 59; VDMA 1988, S. 9). Oft wird die CAD/PPS-Kopplung in der betrieblichen Praxis "auf ein Datenkopplungsproblem reduziert", wie ABRAMOVICI u.a. (1989, S. 64) feststellen. Die in der Literatur dokumentierten Kopplungen bestätigen dies und lassen vielfach einen Technikdeterminismus erkennen.

Die für den Erkenntnisstand zum Thema CAD/PPS-Kopplung relevanten Arbeiten lassen sich in drei Kategorien einteilen:

a) Arbeiten zum Thema CAD/PPS-Kopplung, welche allgemeingehaltene Kopplungskonzepte und Aussagen zur Gestaltung von CAD/PPS-Kopplungen enthalten,
b) singuläre Kopplungskonzepte,
c) wissenschaftliche Untersuchungen.

Zu a):

Vielfach werden in der Literatur aufbauend auf einer funktionalen Beschreibung der CAD/PPS-Kopplung und einer Darstellung der mit dieser Kopplung erreichbaren Ziele hypothetisch mögliche organisatorische Konsequenzen einer CAD/PPS-Kopplung herausgearbeitet. FÖRSTER (1985, S. 59) rechnet mit einem "deutlichen Zuwachs an Komplexität in der Auftragsabwicklung", insbesondere mit dem Entstehen neuartiger Aufgaben für das Stammdaten- und Stücklistenänderungswesen.

EVERSHEIM u.a. (1987, S. 59) weisen darauf hin, daß sich durch eine stärkere Integration der gekoppelten Systeme die Aufgabeninhalte ändern oder in andere Unternehmensbereiche verlagern. Auch SCHEER (1984, S. 19) rechnet mit einer stärkeren Integration der betroffenen Unternehmensbereiche und folgert daraus, daß die in der Praxis vorherrschende weitreichende Arbeitsteilung rückgängig gemacht wird und "mehrere Elemente einer Vorgangskette wieder zusammen an einen Arbeitsplatz integriert werden können". Als Folge der stärkeren Anbindung der Konstruktion erwartet GEITNER (1987, S. 47) sogar ein Verschwinden von Abteilungsgrenzen.

HOFF (1987, S. 12 f.) spricht sich für einen durchgängig koordinierten, prozeßorientierten Arbeitsablauf aus, als dessen Konsequenz seiner Ansicht nach die Arbeitsteilung zurückgeht. Erst durch das Überwinden der Abteilungsgrenzen stellen sich seiner Meinung nach die Nutzeffekte ein. Neben der Veränderung von Arbeitsinhalten rechnet HOFF (a.a.O., S. 12 f.) auch mit "Veränderungen von Funktionsabläufen und Machtstrukturen" durch die Realisierung einer CAD/PPS-Kopplung. Zusammendfassend läßt sich feststellen, daß in der Literatur zwar mögliche Konsequenzen des Einsatzes einer CAD/PPS-Kopplung herausgearbeitet werden, jedoch nur in Ansätzen und ohne Bezug zu den Rahmenbedingungen bei den potentiellen Anwendern auf die organisatorischen Gestaltungsmöglichkeiten der Kopplung eingegangen wird.

Die Behandlung EDV-technischer Aspekte dominiert gegenüber organisatorischen in der Literatur. Zur Abgrenzung verschiedener EDV-technischer Möglichkeiten der Verbindung von CIM-Bausteinen, häufig insbesondere für die Verbindung von CAD und PPS erarbeitet, sind von einer ganzen Reihe von Autoren sogenannte Integrationsstufen bzw. -grade definiert worden (vgl. FÖRSTER 1985; LUTTNER 1985; SCHEER 1986 a,b; MAIER 1988; SCHOLZ 1988; VDMA 1988). Zugrundegelegt werden soll hier das Schema von FÖRSTER (1985, S. 59). Er unterscheidet vier Stufen. Kennzeichnend für die erste Stufe ist eine redundante Datenhaltung. Für den Datenaustausch zwischen CAD und PPS müssen die Daten umformatiert werden. Bei der zweiten Stufe entfällt das Umformatieren. Die gemeinsame, redundanzfreie Datenhaltung von CAD und PPS charakterisiert die dritte Stufe. Ein Datenaustausch ist hier nicht erforderlich. CAD und PPS greifen auf die gleichen Daten zu. Die vierte Stufe beinhaltet die Integration der CAD- und PPS-Anwendung und stellt damit die komfortabelste Verbindungsmöglichkeit dar. Werden die von FÖRSTER (1985, S. 59) beschriebenen grundsätzlichen Verbindungsmöglichkeiten dem Funktions- und Leistungsumfang der am Markt angebotenen Kopplungslösungen gegenübergestellt, zeigt sich, daß die angebotenen Lösungen überwiegend der ersten und zweiten Stufe zugeordnet werden können. Wie die Erhebung von ABRAMOVICI u.a. (1989) und eigene Untersuchungen (BRAUN 1989, S. 98) erkennen lassen, werden derzeit Kopplungslösungen entwickelt, die zumindest teilweise die gemeinsame redundanzfreie Datenhaltung ermöglichen und demnach der dritten Stufe entsprechen. Bei diesen Lösungen werden die teilebeschreibenden alphanumerischen Daten wie Teilestamm-, Zeichnungsschriftfeld-, Zeichnungsverwaltungs- oder Recherchedaten im Rahmen der Zeichnungserstellung am CAD-Arbeitsplatz unter Nutzung der Funktionen der PPS-Grunddatenverwaltung erfaßt und redundanzfrei zu CAD in PPS verwaltet. In CAD sind lediglich die Geometriedaten abgelegt. Wird auf eine Zeichnung zugegriffen, erfolgt ein Assemblieren der in CAD-und PPS-System verwalteten Daten. Stand der Technik ist zudem die sogenannte Terminalemulation. Am Arbeitsplatz des CAD- bzw. PPS-Systems wird das Terminal des jeweils anderen Systems nachgebildet. Damit besteht die Möglichkeit, beispielsweise am CAD-Arbeitsplatz Funktionen des PPS-Systems, sei es zur Anlage eines Teilestammsatzes oder zur Suche nach Ähnlichteilen in der PPS-Grunddatenverwaltung, zu nutzen.

Als Folge der EDV-technischen Verbindung von CAD- und PPS-System werden in der Literatur verschiedene Möglichkeiten der Verlagerung von Funktionen des PPS-Systems in das CAD-System und umgekehrt diskutiert. Ein Beispiel hierfür ist die Stücklistenerstellung (vgl. FÖRSTER 1985; EVERSHEIM u.a. 1987; ABRAMOVICI u.a. 1989). Als weiteres Beispiel nennt KÖLLE (1988) die Verlagerung der Zeichnungsverwaltung vom CAD- in das PPS-System, wofür sich auch GEITNER (1987, S. 202) und SCHOLZ (1988, S. 140) aussprechen. In Anlehnung an HELLWIG u.a. (1987) begründet SCHOLZ (a.a.O., S. 140) dies mit der Zugehörigkeit der Zeichnung zu den Auftragspapieren für die Werkstatt. Die Generierung der Zeichnungsschriftfelddaten im PPS-System mit anschließender Übertragung in die Zeichnung, wie in VDMA (1988, S. 12) vorgeschlagen, stellt ebenfalls eine derartige Funktionsverlagerung dar. Ziel dieser Funktionsverlagerung ist die Nutzung der im PPS-System hinterlegten Prüfroutinen.

Auch die in der Literatur dargestellten Möglichkeiten der EDV-technischen Gestaltung einer CAD/PPS-Kopplung werden weitgehend ohne Bezug zu den in der betrieblichen Praxis vorzufindenden, häufig sehr unterschiedlichen, Bedingungen für eine CAD/PPS-Kopplung diskutiert. Eine Ausnahme stellen die Ausführungen von POESTGES (1987) dar. Nach POESTGES (a.a.O., S. 81) ist nicht für jeden Betriebstyp, der durch ein spezielles Anforderungsprofil gekennzeichnet ist, jede Möglichkeit der CAD/PPS-Kopplung geeignet. Er trifft daher eine betriebstypologische Zuordnung. POESTGES (a.a.O., S. 81) unterscheidet die Betriebstypen Einmalfertiger, Mischfertiger und Wiederholfertiger. Für den Einmalfertiger ist seiner Ansicht nach die CAD/PPS-Kopplung im Dialogdurchgriff mit Programm zu Programm Kommunikation erforderlich, entsprechend der vierten Integrationsstufe nach FÖRSTER (1985, S. 59). Für den Mischfertiger, der sowohl einmalig kundenspezifisch als auch kundenauftragsanonym in Serie fertigt, reicht seiner Meinung nach die Terminalemulation mit der Möglichkeit des Datenaustauschs (Stufe 1 oder 2) aus. Für den

Wiederholfertiger kann nach seiner Meinung auf eine Terminalemulation verzichtet werden. Hier soll die Möglichkeit des Datenaustauschs ausreichend sein.

Zu b):

In der Literatur wird eine Vielzahl von Kopplungskonzepten beschrieben, die überwiegend für mittelständische Unternehmen realisiert wurden. Eigene Untersuchungen im Rahmen dieser Arbeit haben jedoch gezeigt, daß die Anzahl der praktisch genutzten Kopplungen gering ist. Insgesamt kann für die vorgestellten Kopplungskonzepte festgestellt werden, daß diese der zuvor erläuterten ersten und zweiten Integrationsstufe entsprechen und die technisch-organisatorische Gestaltung zudem weitgehend durch den begrenzten Funktions- und Leistungsumfang der eingesetzten EDV bestimmt wird.

Im Mittelpunkt der in der Literatur vorgestellten Konzepte stehen die Stücklistenerstellung in CAD, die Übertragung der Stücklisten von CAD nach PPS sowie die Nutzung des PPS-Systems am CAD-Arbeitsplatz (vgl. OBERMANN 1985; EIGNER u.a. 1986; HECKEL 1986; NEDESS u.a. 1986; ENGLERT 1987; HEIDRICH u.a. 1987; JABBUSCH 1987; NEUBURG 1987; BÜHRER u.a. 1988; HEIERMANN 1988; KRÜGER 1988; LAMBERT u.a. 1988, LINKE u.a. 1988). Dagegen wird auf die Gestaltung der Abwicklung von Änderungen, die für die Nutzung einer CAD/PPS-Kopplung aus Gründen der Datenkonsistenzsicherung von zentraler Bedeutung ist, in der Regel nur am Rande eingegangen (vgl. BAUERNFEIND 1985, ANGER 1987, LINKE 1987, MENSCH 1987, STOLZER 1987 und KÖLLE 1988). Ausführlicher gehen BÜHRER u.a. (1988), LAMBERT u.a. (1988); KLETT u.a. (1988) und insbesondere KRÜGER (1988) auf das Thema Datenkonsistenzsicherung ein. LAMBERT u.a. (1988) verfolgen das Konzept der Rückübertragung der in PPS von CAD empfangenen und kontrollierten Daten an CAD. Durch die Einrichtung einer Normenstelle, bei der die Verantwortung für die Datenqualität liegt, wird in dem von BÜHRER u.a. (1988) vorgestellten Konzept die Datenkonsistenz gesichert. Diese Normenstelle vergibt die Identnummern, kontrolliert und aktualisiert den Datenbestand. Darüber hinaus verfügt sie über die Kompetenz der Freigabe der für die Übertragung von CAD nach PPS bereitgestellten Daten. Das von KRÜGER (1988) vorgestellte Konzept sieht ebenfalls die

Einrichtung einer Kontroll- und Freigabeinstanz vor. Zudem wird die Datenkonsistenz bei KRÜGER (a.a.O.) durch eine formalisierte Ablaufstruktur sowie durch die Strukturierung des Datenbestandes in CAD gesichert. Bei dem von KLETT u.a. (1988) beschriebenen Konzept unterstützt das CAD-System die Datenkonsistenzsicherung durch die Abbildung von Benutzerkompetenzen in einer Privilegienverwaltung. Dadurch kann die Änderungskompetenz eingeschränkt werden.

Zu c):

Zielsetzung der von LAY u.a. (1988) durchgeführten wissenschaftlichen Untersuchung war die Exploration der Anwendung von CAD/PPS-Kopplungen in der betrieblichen Praxis unter Arbeitsschutzaspekten. Da von einem erweiterten Arbeitsschutzbegriff ausgegangen wurde, konnten auch Aussagen über die technisch-organisatorische Gestaltung der Kopplung formuliert werden. LAY u.a. (a.a.O., S. 84) kommen zu dem Schluß, daß die organisatorischen Möglichkeiten bei den von ihnen untersuchten CAD/PPS-Kopplungen nur sehr begrenzt wahrgenommen wurden. Zudem wurde in keinem der Anwendungsfälle die Notwendigkeit der Gestaltung der Organisation erkannt (LAY u.a. 1989, S. 15). LAY u.a. (1988, S. 57) vermuten, daß für die Realisierung der überwiegenden Anzahl der untersuchten Anwendungsfälle vom Lieferanten eingeräumte Sonderkonditionen und der damit im Vergleich zu CAD- oder PPS-Einführung geringe notwendige finanzielle Aufwand eine ausschlaggebende Rolle gespielt haben. Vor dem aufgezeigten Hintergrund sind die den von LAY u.a. (a.a.O.) untersuchten Anwendungsfällen zugrundeliegenden technisch-organisatorischen Gestaltungskonzepte als suboptimal zu bezeichnen. Daher können diese Konzepte nicht als Basis für die mit dieser Arbeit verfolgten Zielsetzung, der Entwicklung von Vorschlägen zur technisch-organisatorischen Gestaltung der CAD/PPS-Kopplung, genutzt werden.

Die derzeitige Situation in der betrieblichen Praxis hinsichtlich der Gestaltung von CAD/PPS-Kopplungen läßt sich am treffendsten als offener Suchprozeß beschreiben, bei dem noch nicht entschieden ist, wie eine optimale CAD/PPS-Kopplung aussehen muß.

Zusammenfassend läßt sich feststellen, daß die CAD/PPS-Kopplung in der Literatur als wichtiger Schritt auf dem Weg zum Computer Integrated Manufacturing (CIM) gesehen wird. Die in der einschlägigen Literatur vorgestellten allgemeinen wie singularen Kopplungskonzepte betonen überwiegend die EDV-technischen Aspekte der CAD/PPS-Kopplung. Die Betrachtung der organisatorischen Gestaltung wird bislang vernachlässigt, obwohl die Notwendigkeit der organisatorischen Gestaltung als Voraussetzung für eine effiziente Nutzung der Kopplung vielfach betont wird.

Bei den bisherigen Lösungen fällt auf, daß sie vorwiegend an den EDV-technischen Möglichkeiten orientiert gestaltet wurden. Die organisatorischen Aspekte der Kopplung werden in der Regel sehr allgemein oder spezifisch für eine Anwendung abgehandelt. Vorschläge für eine situationsorientierte Gestaltung der CAD/PPS-Kopplung, bei der die in den Unternehmen gegebenen Voraussetzungen als Rahmenbedingungen für die Gestaltung berücksichtigt sind, finden sich in der einschlägigen Literatur nur in Ansätzen.

# 4. Grundlagen der Methodik

## 4.1 Methodische Lösungsansätze

Grundlage jeder wissenschaftlichen Arbeit muß die Wahl einer geeigneten, methodisch fundierten Vorgehensweise sein. Abbildung 4.1 gibt einen Überblick über die in der einschlägigen Literatur diskutierten Ansätze. Zugrunde gelegt wurden ähnliche Zusammenstellungen von HILL u.a. (1974, S. 407), MÜLLER (1975, S. 51), GROCHLA (1978, S. 108) und BÄUMER (1981, S. 15). Die Auswahl des methodischen Lösungsansatzes muß auf der Basis des dieser Arbeit zugrunde liegenden Anspruches, Entscheidungshilfen für Unternehmen des Maschinen- und Anlagenbaus zu entwickeln, vorgenommen werden. Um diesem Anspruch gerecht zu werden, ist eine hinreichende Berücksichtigung der Ausgangssituation in den Unternehmen der Zielgruppe als Bestimmungsfaktor für die zu erarbeitenden Gestaltungsempfehlungen zu fordern.

| Methodische Lösungsansätze |
|---|
| - Klassische Ansätze<br>- Scientific Management<br>- Administrations- und Managementlehre<br>- Bürokratieansatz<br>- Traditionelle deutsche Organisationslehre |
| - Human-Relations-Ansatz und neuere motivationsorientierte Ansätze |
| - Entscheidungsorientierte Ansätze<br>- Entscheidungslogische Ansätze<br>- Verhaltenswissenschaftliche Entscheidungstheorie |
| - Systemorientierte Ansätze<br>- Systemtheoretisch-kybernetische Ansätze<br>- Integrierender sozio-technischer Systemansatz |
| - Situativer Ansatz<br>- Empirische Variante<br>- Logisch-axiomatische Variante |

Abb. 4.1: Überblick über die in der einschlägigen Literatur diskutierten Lösungsansätze

Bei den klassischen Ansätzen wird jedoch die Aufgabe als einziger wesentlicher Bestimmungsfaktor der Organisationsstruktur angesehen. Die fehlende detaillierte Erfassung der organisatorisch relevanten Situationsmerkmale läßt die klassischen Ansätze als ungeeignet für die vorliegende Aufgabenstellung erscheinen (vgl. KIESER u.a. 1983, S. 39). Kennzeichnend für den Human-Relations-Ansatz ist die Betonung von sozialen Faktoren unter Vernachlässigung der technischen und strukturellen Faktoren (vgl. HILL u.a. 1974, S. 423). Soziale Faktoren sollen bei der Bearbeitung der vorliegenden Aufgabenstellung zwar gleichberechtigt mit technischen und strukturellen Faktoren betrachtet werden, jedoch nicht dominieren. Die Anwendung entscheidungslogischer Ansätze bedingt die Formalisierung der organisatorischen Variabeln, um ein Entscheidungsmodell aufzubauen (HILL u.a. a.a.O., S. 432). Diesem Anspruch kann die vorliegende Aufgabenstellung nicht gerecht werden. Verhaltenswissenschaftliche Fragestellungen sind nicht Gegenstand dieser Arbeit. Daher eignet sich der Ansatz der verhaltenswissenschaftlichen Entscheidungstheorie nicht für die vorliegenden Aufgabenstellungen. Ergebnis der Anwendung von systemtheoretisch-kybernetischen Ansätzen sind quantitativ-mathematisch formulierte Aussagen, die nur ein formales und kein inhaltliches Verständnis von Organisationen liefern (vgl. KIESER u.a. 1983, S. 45) und demnach hier ungeeignet sind. Der integrierende soziotechnische Systemansatz stellt nach HILL u.a. (1974, S. 445) weniger ein Forschungskonzept, als vielmehr ein Systematisierungskonzept dar. Als solches wird es aufgegriffen und an gegebener Stelle vorgestellt. Der situative Ansatz berücksichtigt die Situation als maßgeblichen Bestimmungsfaktor für die Entwicklung von organisatorischen Gestaltungsvorschlägen (vgl. HOFFMANN 1980b, S. 5) und wird daher dem eingangs formulierten Anspruch gerecht.

BÄUMER (1981) hat gezeigt, daß sich der situative Ansatz für die Bearbeitung organisatorischer Fragestellungen in einem technischen Betriebsbereich, dem Lager, eignet. In anderen Arbeiten (STRACK 1987, NITZSCHE 1987, FÖRSTER 1988) hat sich dieser Ansatz für die Untersuchung weiterer technischer Betriebsbereiche bewährt. In der vorliegenden Arbeit soll grundsätzlich der gleiche Ansatz verwendet werden. Da es "den" situativen Ansatz nicht gibt, sondern eine ganze Reihe von Varianten in der Litertur unterschieden werden, muß geklärt werden, welche Variante des situativen Ansatzes die geeignetste ist. Die Arbeiten, die dem situativen Ansatz zuzurechnen sind, unterscheiden sich hinsichtlich des Erklärungsansatzes, des Forschungsziels und der Forschungsmethode (vgl. SCHARFENKAMP 1987, S. 100).

Die im Hinblick auf den Erklärungsansatz vorzunehmende Einteilung in monovariate und multivariate Ansätze berücksichtigt die Anzahl der für die Definition der Situation verwendeten Faktoren. Bezüglich des Forschungsziels unterscheiden KIESER u.a. (1983, S. 57 f.) eine analytische und eine pragmatische Variante. Die Vertreter der analytischen Variante verfolgen ein theoretisches Wissenschaftsziel. "Bei der Verfolgung des theoretischen Wissenschaftsziels geht es nach herrschender Auffassung darum, empirisch gehaltvolle und generelle Erklärungen für beobachtete Phänomene zu gewinnen. Erkenntnisleitend sind Warum-Fragen,..." (KIESER u.a. a.a.O., S. 58). Die Bemühungen dieser Wissenschaftler konzentrieren sich darauf, "Konzepte, Begriffe, Meßinstrumente und statistische Auswertungsverfahren zu verbessern, um Struktur- und Situationsvariablen, sowie die (statischen) Zusammenhänge zwischen ihnen besser ermitteln zu können" (SCHARFENKAMP 1987, S. 100).

Demgegenüber verfolgen die Vertreter der pragmatischen Variante ein pragmatisches Wissenschaftsziel. Dabei geht es "um die Formulierung von Gestaltungsmöglichkeiten oder Gestaltungsempfehlungen und deren Begründung. Erkenntnisleitend sind Wie-Fragen, die ... etwa lauten: Wie kann man Organisationsstrukturen so gestalten, daß sie den Anforderungen der Situation gerecht werden, in der sich eine Unternehmung befindet ?" (KIESER u.a. 1983, S. 58). Dieses Organisationsverständnis deckt sich mit dem dieser Arbeit zugrundegelegten instrumentalen Organisationsbegriff. "Die Organisationsstruktur wird als Instrument oder Aktionsparameter begriffen, mit dessen Hilfe bestimmte, den verfolgten Zielen entsprechende Wirkungen hervorgerufen werden können, ..." (KIESER u.a. a.a.O., S. 63). Entsprechend dem Ziel der vorliegenden Arbeit, praxisrelevante Entscheidungshilfen zu geben, wird hier die pragmatische Variante des situativen Ansatzes zugrunde gelegt.

Im Hinblick auf die Forschungsmethode läßt sich der situative Ansatz in eine empirische und eine logisch-axiomatische Variante unterteilen (vgl. BÜHNER 1977, S. 67). Die methodische Vorgehensweise der empirisch ausgerichteten situativen Organisationsforschung, die auch als vergleichende Organisationsforschung bezeichnet wird, besteht darin, "für eine größere Auswahl von Organisationen Struktur- und Situationsmerkmale empirisch zu erfassen und deren Ausprägungen - vorwiegend mit statistischen Methoden - zu vergleichen" (KIESER u.a. 1983, S. 47). Die Zusammenhänge zwischen den Organisations- und Situationsdimensionen werden dabei durch die Berechnung von statistischen Korrelationen aufgezeigt.

Die Aussagefähigkeit solcher quantitativer Analysen ist begrenzt. " Zum einen können durch Korrelationen nur umfangs- oder intensitätsmässige Zusammenhänge erfaßt werden; zum anderen sagen Korrelationen nur etwas darüber aus, in welchem Ausmaß Merkmalsausprägungen zusammen auftreten, aber nicht, wie es zu diesen Zusammenhängen gekommen ist" (KIESER u.a. a.a.O, S. 225). MÜLLER (1980, S. 374) wirft den Vertretern der empirischen Variante vor, daß sie nicht über eine sorgfältig vorbereitete theoretische Konzeption verfügen. "Offenbar wurden oft zuerst nach recht groben Vorstellungen große Mengen empirischer Daten gesammelt und dann nachträglich versucht, mit Hilfe vielfältiger statistischer Methoden in die Daten theoretisch verwendbare Zusammenhänge hineinzuinterpretieren" (MÜLLER a.a.O., S. 374). Ähnlich kritisiert BÜHNER (1977, S. 71) die Überbetonung der Datenanalysen: "Mit immer aufwendigeren statistischen Verfahren werden immer irrelevantere Ad-Hoc-Hypothesen in isolierten Spezialuntersuchungen einer Überprüfung unterzogen".

Ohne statistische Analysen kommen dagegen die Vertreter der logisch-axiomatischen Variante aus. Sie stellen auf der Basis von Erfahrungen und Plausibilitätsüberlegungen Axiome auf und leiten aus diesen logisch Folgesätze ab. "Die Axiomatik als Methode zur Ableitung organisationsstruktureller Aussagen besteht in einer regelgebundenen Ableitung von Abhängigkeitsbeziehungen (Folgesätzen) aus vorgegebenen Postulaten (Axiomen)" (BÜHNER a.a.O., S. 68).

HILL u.a. (1974, S. 369 f.) gehen bei dem von ihnen entwickelten axiomatischen Modell von zwei idealtypisch konstruierten Bedingungskonstellationen - von ihnen Constraintskonstellationen genannt - aus. Diese Polarisierung der Situationsvariablen zu zwei entgegengesetzten Situationstypen führt dann mittels axiomatisch gewonnener Aussagen zur Bildung zweier organisatorischer Idealtypen. Die Schwäche dieses Ansatzes wird von HILL u.a. (a.a.O., S. 398) selbst erkannt: "Die verwendete axiomatische Methode erlaubt nur Aussagen über die Gestaltung der Organisation sozialer Systeme bei den unterschiedenen extremen Contraintskonstellationen (Typ A und Typ B). Hingegen weisen die in der Realität anzutreffenden Systeme Constraintskonstellationen auf, die irgendwo zwischen den Extremen Typ A und Typ B liegen". Hier versagt die axiomatische Methode.

Die aufgeführten Mängel, sowohl der empirischen als auch der logisch-axiomatischen Forschungsmethode, lassen eine ausschließliche Verwendung einer der beiden Methoden problematisch erscheinen. In der vorliegenden Arbeit soll daher, entsprechend dem von BÜHNER (1977, S. 72 f.) vorgeschlagenen Synthese-Konzept, ein beide Forschungsmethoden integrierender Lösungsansatz verwendet werden. Im Mittelpunkt steht die logisch-analytische Ableitung organisatorischer Regeln für typische Situationen. Es werden keine Axiome aufgestellt, da sonst, um die Aussagen überschaubar zu halten, von zwei idealtypischen Situationen auszugehen wäre (vgl. SCHARFENKAMP 1987, S. 130). Vielmehr sollen hier sachlogisch Situationstypen als Grundlage für die Entwicklung von organisatorischen Gestaltungsvorschlägen hergeleitet werden. "Die pragmatischen Möglichkeiten einer Situationsforschung bestehen in der Bildung von organisatorischen Alternativschablonen oder -vorstellungen für typische Situationsmerkmale. Solche Alternativschablonen erleichtern dem Organisator die Suche nach situationsgerechten Alternativen in der konkreten Situation" (BÜHNER 1977, S. 73).

Die Ableitung von Gestaltungsaussagen mit praktischem Verwendungsgehalt erfordert die empirische Überprüfung. Hierzu ist nach BÜHNER (a.a.O.) und STRACK (1987, S. 36), insbesondere dann, wenn es sich wie hier um eine erste Untersuchung zu einer Themenstellung handelt, die exemplarische Fallstudie geeignet.

## 4.2 Grundlagen der Typenbildung

Nach PFOHL (1977, S. 243) ist die Anwendung der Typologie notwendiger Bestandteil des situativen Ansatzes. Die Vielzahl realer Erscheinungsformen der Situation in der betrieblichen Praxis erfordert eine Verdichtung. Auch GROSSE-OETRINGHAUS (1974, S. 21) schlägt dazu die Anwendung einer Typologie vor, da sie in besonderem Maß geeignet ist, "den erforderlichen Verdichtungs- und Abstraktionsprozeß von der Realität ausgehend vornehmen zu können". Dabei wird entsprechend der Definition von GROSSE-OETRINGHAUS (a.a.O., S. 36) die Typologie als die Gesamtheit "aller Denkprozesse und Denkergebnisse verstanden, das die realen Erscheinungsformen eines Untersuchungsbereiches im Hinblick auf ein Untersuchungsziel durch Abstraktion und Differenzierung in eine Ordnung bringt."

Zur Typenbildung müssen daher in einem Abstraktionsprozeß zunächst Merkmale ermittelt werden, die die realen Erscheinungsformen der Zielgruppe der vorliegenden Arbeit, kleine und mittlere Unternehmen des Maschinen- und Anlagenbaus, hinsichtlich des Untersuchungsziels, Vorschläge zur technisch-organisatorischen Gestaltung von CAD/PPS-Kopplungen zu entwickeln, beschreiben. Die ermittelten Merkmale sind, ebenfalls im Hinblick auf das gesetzte Untersuchungsziel, in ihren Ausprägungen zu differenzieren. Die Bildung der für den Untersuchungsbereich repräsentativen Typen erfolgt dann durch Kombination der Merkmalsausprägungen, die für den jeweiligen Typ charakteristisch sind (vgl. KNOBLICH 1969, S. 27).

Im Unterschied zur Klassifikation, bei der mehrere Objekte nach einem Merkmal und dessen Ausprägungsmöglichkeiten gegliedert sind, erfolgt die Typenbildung auf der Basis mehrerer abgestufter Merkmale. Die wesentliche Anforderung an eine Typologie ist, daß reale Fälle immer eindeutig den herausgearbeiteten Typen zugeordnet werden können (vgl. KIESER u.a. 1983, S. 54).

Bei der Bestimmung der typbildenden Merkmale und deren Ausprägungsstufen stellt sich die Schwierigkeit, daß Merkmale gefunden werden müssen, "die die wichtigsten Probleme und Ziele des Untersuchungsbereiches bei einem bestimmten Abstraktionsgrad möglichst umfassend beschreiben" (GROSSE-OETRINGHAUS 1974, S. 52). Da es keine gesicherte Methode gibt, um alle wesentlichen Merkmale zur Typenbildung zu finden (vgl. GROSSE-OETRINGHAUS a.a.O., S. 53) kommt FÖRSTER (1988, S. 46) zu der Feststellung, "daß die Merkmalsauswahl letztlich nur am Erfolg, d.h. an einer sinnvollen Typologie gemessen werden kann."

Entscheidend für die Auswahl der Merkmale ist nach KIESER u.a. (1983, S. 71), daß aus der Vielzahl der vorhandenen oder möglichen Merkmale die für die jeweiligen Untersuchungszweck relevanten Merkmale ausgewählt werden. Diese Zweckorientiertheit ist für PFOHL (1977, S. 234) die "vielleicht wichtigste Anforderung" an eine Typologie. Dementsprechend muß sich die Merkmalsauswahl vor allem am Zweck der Untersuchung orientieren. In Anlehnung an SCHOMBURG (1980, S. 35), LEY (1984, S. 61), KLEIN (1988, S. 44), WEINGÄRTNER (1988; S. 60 f.) und FÖRSTER (1988, S. 44 ff.) werden die nachfolgend aufgelisteten Kriterien der Merkmalsauswahl zugrunde gelegt.

- Aussagefähigkeit
  Die Merkmale müssen in direktem, möglichst ursächlichen Zusammenhang mit dem Zweck der Untersuchung, d.h. mit dem Untersuchungsziel und dem Untersuchungsbereich stehen.

- Erfaßbarkeit
  Die Merkmale müssen einen objektiven Charakter besitzen und mit hinreichender Genauigkeit erfaßbar sein.

- Differenzierbarkeit
  Merkmale, bei denen sich im vorhinein absehen läßt, daß sie in allen Unternehmen der Zielgruppe der vorliegenden Arbeit in der selben Ausprägung auftreten, liefern keinen Beitrag zur Typenbildung und dürfen daher nicht verwendet werden.

- Erfassungsaufwand
  Der erforderliche Aufwand zur Erfassung der Merkmale darf einen vertretbaren Rahmen nicht überschreiten.

Die aufgelisteten Kriterien lassen erkennen, daß sich die Merkmalssuche zunächst an dem Kriterium Aussagefähigkeit orientieren muß. Die Bedeutung der übrigen Kriterien liegt vor allem im Bereich der Überprüfung der Verwendbarkeit der Merkmale, die mit Hilfe des Kriteriums Aussagefähigkeit gefunden wurden.

Die Differenzierung der ausgewählten Merkmale hinsichtlich der für die Beschreibung der Merkmale wesentlichen Gesichtspunkte führt zu einer Aufteilung in Merkmalsausprägungen. In Anlehnung an GROSSE-OETRINGHAUS (1974, S. 56) wird die Bildung sinnvoller Merksmalsausprägungen weniger durch eine allgemeine Systematik, als vielmehr durch eine pragmatische Vorgehensweise geprägt. Die Beschreibung der Merkmalsausprägungen sollte möglichst plausibel und allgemein verständlich sein und muß sich daher an gebräuchlichen Begriffskategorien anlehnen. Dabei müssen Interpretationsspielräume durch eine eindeutige verbale Abgrenzung der Merkmalsausprägungen weitgehend eingeengt werden (vgl. LEY 1984, S. 63).

Aus Gründen der Praktikabilität müssen zur Typenbildung die Merkmale und Merkmalsausprägungen auf die unabdingbar notwendigen beschränkt werden (vgl. KNOBLICH 1969, S. 53). Typen, die auf der Basis der geringstmöglichen Anzahl von Merkmalen und Merkmalsausprägungen gebildet werden, die im Hinblick auf ein Untersuchungsziel wirklich notwendig sind, bezeichnet FÖRSTER (1988, S. 47) in Anlehnung an GROSSE-OETRINGHAUS (1974, S. 31) als Elementartypen. "Elementartypen müssen minidimensional sein" (GROSSE-OETRINGHAUS a.a.O., S. 64).

Zur eigentlichen Typenbildung, d.h. zur Kombination der für die einzelnen Typen charakteristischen Merkmalsausprägungen, stehen grundsätzlich die beiden Methoden der empirischen und der sachlogischen Herleitung zur Verfügung, die auch beobachtende (oder messende) und verstehende Typenbildung genannt werden (vgl. KNOBLICH 1969, S. 32). Bei der empirischen Herleitung von Typen werden statistische Verfahren zur Auswertung der empirisch ermittelten Daten eingesetzt. Die empirische Herleitung von Typen haben beispielsweise STRACK (1986), NITZSCHE (1987) und FÖRSTER (1988) gewählt.

Die sachlogische Herleitung von Typen erfolgt auf der Basis von Erfahrung, Intuition und systematischer gedanklicher Konstruktion (vgl. GROSSE-OETRINGHAUS 1974, S. 34). "Die Typen entstehen durch sinnvolle Festlegung der einen Typ bestimmenden Kombination von Merkmalsausprägungen" (TIETZ 1960, S. 36). GROSSE-OETRINGHAUS (1974) entwickelt mit Hilfe dieser Methode eine grundlegende Typologie des Fertigungsprozesses unter dem Gesichtspunkt der Fertigungsablaufplanung. Er bildet in systematischer Weise Fertigungstypen, um so Anwendungsbedingungen für die Planung des Fertigungsablaufes zu ermitteln (vgl. GROSSE-OETRINGHAUS a.a.O., S. 110). Ausführlich beschrieben wird die zielorientierte Auswahl der Merkmale und die Bildung der Elementartypen ausgehend von Leitmerkmalen.

Vor dem Hintergrund des derzeitigen Standes der Erkenntnisse läßt sich keine eindeutige Aussage darüber treffen, welche der beiden Methoden bei der vorliegenden Aufgabenstellung die geeignetere ist. Die Entscheidung muß hier vor dem Hintergrund der vorliegenden Rahmenbedingungen getroffen werden. Anhand einer für diese Arbeit durchgeführten Voruntersuchung zum Stand der Anwendung von CAD/PPS-Kopplungen in Unternehmen der Zielgruppe konnte festgestellt werden, daß die Zahl der in kleinen und mittleren Unternehmen des Maschinen- und Anlagenbaus realisierten CAD/PPS-Kopplungen zu gering ist, um eine repräsentative Erhebung durchzuführen. Zudem weisen die realisierten CAD/PPS-Kopplungen in Unternehmen der Zielgruppe einen vorläufigen Charakter auf, wie die Untersuchungen von LAY u.a. (1988, S. I) und eigene Untersuchungen ergeben haben. Die Bearbeitung der vorliegenden Aufgabenstellung auf Basis einer empirischen Vorgehensweise kann daher erst zu einem späteren Zeitpunkt, zu dem CAD/PPS-Kopplungen eine breitere Anwendung in Unternehmen der Zielgruppe gefunden haben, vorgenommen werden. Vielmehr muß hier die Methode der sachlogischen Herleitung der Typen verwendet werden.

Die Kombination der Merkmalsausprägungen zu Typen erfolgt in dieser Arbeit in der von GROSSE-OETRINGHAUS (1974, S. 32) vorgeschlagenen Weise. Ausgehend von einem Leitmerkmal werden durch die Ausprägungen dieses Merkmals die Typen bestimmt. "Das Merkmal, das in einer bestimmten Ausprägung eigenschaftsbedingt eine Kopplung mit anderen Merkmalsausprägungen festlegt, wird hier als Leitmerkmal bezeichnet. Die übrigen typbildenden Merkmale sind im Verhältnis zu diesem Folgemerkmale" (GROSSE-OETRINGHAUS a.a.O., S. 32). Die Festlegung der für die einzelnen Typen charakteristischen Merkmalsausprägungen orientiert sich an der jeweiligen, typbestimmenden Ausprägung des Leitmerkmals.

# 5. Vorgehensweise zur Entwicklung von Vorschlägen zur technisch-organisatorischen Gestaltung der CAD/PPS-Kopplung

## 5.1. Methodik der Vorgehensweise

Als Grundlage einer geeigneten methodischen Vorgehensweise wurde in Kapitel 4 der situative Ansatz ausgewählt. Der situative Ansatz liefert, ausgehend von der Grundüberlegung der situativen Relativierung organisatorischer Gestaltungsmaßnahmen, einen geeigneten, wissenschaftlich fundierten Erklärungszusammenhang zwischen der Situation und der Organisation. Welche organisatorischen Regeln mit Aussicht auf Erfolg anzuwenden sind, hängt von der jeweiligen Situation ab, in der sich eine Unternehmung befindet.

Die Betrachtung organisatorischer Probleme darf aber nicht auf den Zusammenhang zwischen Situation und Organisation beschränkt bleiben. Eine organisatorische Problemstellung ist immer dann gegeben, wenn eine Aufgabe mit Hilfe organisatorischer Maßnahmen unter bestimmten Bedingungen möglichst effizient zu erfüllen ist. Der Zusammenhang zwischen Situation und Organisation ist dabei nur eine von mehreren zu beachtenden Beziehungen.

Ein Systematisierungskonzept, das die bei organisatorischen Fragestellungen wesentlichen Faktoren beinhaltet, stellt das Konzept des soziotechnischen Systems dar. Dieses Konzept kann als ein Hilfsmittel angesehen werden, "das den formallogischen Rahmen für die inhaltliche Darstellung konkreter Sachverhalte und für die Diskussion von Problemlösungen liefert" (HACKSTEIN u.a. 1971, S. 27). Das Konzept des soziotechnischen Systems dient daher der vorliegenden Arbeit als Ausgangspunkt und Bezugsrahmen für die weiteren Arbeitsschritte.

Dem Konzept des sozio-technischen Systems liegt der Gedanke zugrunde, daß neben den Menschen die Sachmittel oder Maschinen wesentlichen Anteil an der Aufgabenerfüllung haben. In sozio-technischen Systemen stellen Menschen und Maschinen die Systemelemente dar (vgl. HACKSTEIN u.a. a.a.O., S. 28). Eine weitere Präzisierung des Konzeptes des soziotechnischen Systems, welche die Grundüberlegung des situativen Ansatzes einbezieht, liefert GROCHLA (1978, S. 8 ff.). Er geht von einer Aufgabenerfüllung durch Menschen und Maschinen aus, die unter bestimmten Bedingungen und nach festgelegten Regeln erfolgt. Dementsprechend sind für GROCHLA (a.a.O., S. 11) neben den Elementen noch weitere Faktoren von Bedeutung, die er als Komponenten sozio-technischer Systeme bezeichnet und in Abbildung 5.1 mit ihren Beziehungen zueinander dargestellt sind. Mit Hilfe dieser Komponenten werden sozio-technische Systeme über die Definition ihrer Elemente hinaus konkretisiert (vgl. GROCHLA a.a.O.).

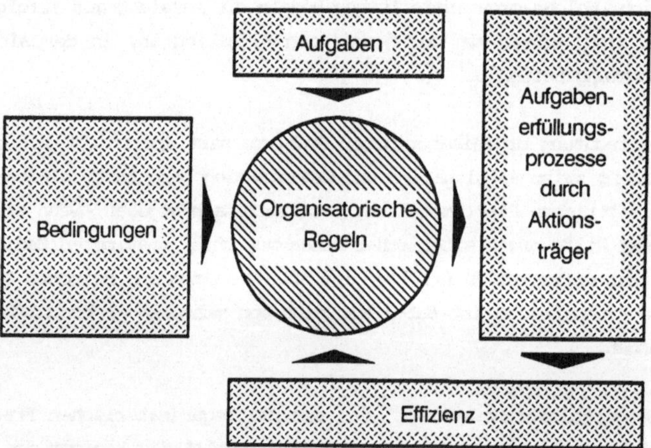


Abb. 5.1: Komponenten sozio-technischer Systeme und ihre Beziehungen zueinander (vgl. GROCHLA a.a.O., S. 11)

Die Komponenten sozio-technischer Systeme werden bei THOMPSON (1967), HACKSTEIN u.a. (1971), HILL u.a. (1974), GROCHLA (1978), FESSMANN (1980), GROCHLA u.a. (1980), HOFFMANN (1980c), MEYER (1985) ausführlich vorgestellt und sind daher nachfolgend nicht weiter erläutert. Abweichend von den von GROCHLA (1978, S. 16 ff.) gewählten Begriffen (vgl. Abbildung 5.1) soll in der vorliegenden Arbeit, um dem Sprachgebrauch der betrieblichen Praxis nachzukommen, statt von Bedingungen von Anforderungen gesprochen werden. In dieser Stelle sei bereits darauf hingewiesen, daß dieser Begriff von dem in Kapitel 5.2.4 benutzen Begriff Anforderungen an den Funktions- und Leistungsumfang der Kopplungslösung zu unterscheiden ist. Unter Anforderungen sollen hier die situationsbestimmenden Bedingungen, unter denen eine CAD/PPS-Kopplung zu gestalten ist, verstanden werden. Weiterhin werden an Stelle der von GROCHLA (a.a.O.) verwendeten Begriffe Effizienzkriterien und Aufgaben in Anlehnung an HACKSTEIN u.a. (1971, S. 33) die Begriffe Formalziele und Sachziele benutzt.

Die Arbeitsschritte für eine systematische Vorgehensweise zur Entwicklung von Vorschlägen zur Gestaltung der Organisation einer CAD/PPS-Kopplung ergeben sich aus den Beziehungszusammenhängen der organisatorischen Regeln zu den übrigen Komponenten eines sozio-technischen Systems gemäß Abbildung 5.1. Demnach muß die Aufstellung organisatorischer Regeln für die gewählten Sachziele auf der Basis der Anforderungen, orientiert an den Formalzielen, erfolgen. Um dem Anspruch des situativen Ansatzes, der Ermittlung von Typen als Grundlage für die Entwicklung von Gestaltungsvorschlägen, gerecht zu werden, sind die Anforderungen zu Anforderungsprofilen zu verdichten.

Wie Abbildung 5.2 verdeutlicht, werden nachfolgend zunächst die Sachziele, Formalziele, Anforderungen und Organisationsmerkmale konzeptualisiert und operationalisiert. Aufbauend auf den definierten Merkmalen und zugehörigen Ausprägungen der Anforderungen werden die für die Zielgruppe charakteristischen Anforderungsprofile ermittelt, die ihrerseits die Grundlage für die zu entwickelnden technisch-organisatorischen Gestaltungsvorschläge bilden. Zur empirischen Überprüfung wird abschließend in einem Unternehmen der Zielgruppe, auf Basis der sachlogisch gewonnenen Erkenntnisse, eine CAD/PPS-Kopplung gestaltet.

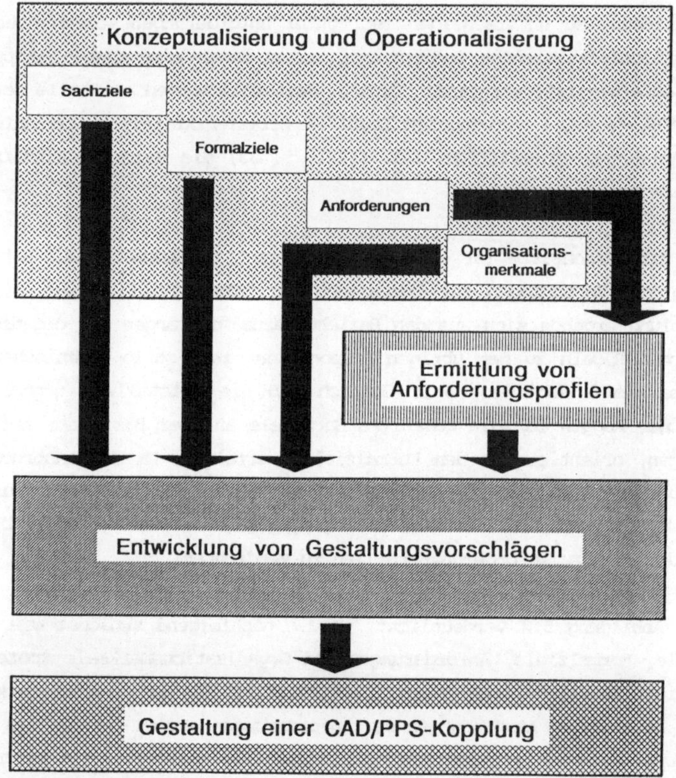


Abb.5.2: Vorgehensweise zur Bearbeitung der gestellten Aufgabe

## 5.2. Konzeptualisierung und Operationalisierung

Voraussetzung für die Entwicklung von Entscheidungshilfen zur technisch-organisatorischen Gestaltung von CAD/PPS-Kopplungen ist die Konzeptualisierung und Operationalisierung der in Kapitel 4.1 aufgezeigten Komponenten Sachziele, Formalziele, Anforderungen und Organisationsmerkmale. In Anlehnung an KIESER u.a. (1983, S. 71 ff.) wird unter Konzeptualisierung die Auswahl der relevanten Merkmale und unter Operationalisierung die Festlegung der Merkmalsausprägungen verstanden. Nachfolgend werden die für die vorliegende Aufgabenstellung relevanten

Merkmale ausgewählt und, soweit erforderlich, die Merkmalsausprägungen festgelegt.

### 5.2.1 Sachziele

Basis der Definition der Sachziele oder Funktionen der CAD/PPS-Kopplung ist der Grundgedanke des Computer Integrated Manufacturing, der "Integration der technischen und organisatorischen Funktionen zur Produkterstellung" und "das informationstechnologische Zusammenwirken von CAD ... und PPS" (AWF 1985, S. 11). Im Mittelpunkt einer CAD/PPS-Kopplung muß daher die Verknüpfung der Funktionen von Konstruktion einerseits und Produktionsplanung und -steuerung andererseits mit dem Ziel der Schaffung eines durchgängigen Datenflusses zwischen CAD- und PPS-System stehen.

Die Teilaufgaben der Konstruktion (EVERSHEIM 1982, S. 70 ff.) und die Hauptfunktionen der Produktionsplanung und -steuerung (HACKSTEIN 1989, S. 192) sind in Abbildung 5.3 gegenübergestellt. Ein erster Verknüpfungspunkt im Rahmen der technischen Auftragsabwicklung besteht zwischen der Produktionsprogrammplanung und dem Konzipieren und Entwerfen. Im Anschluß an eine Erfassung eines Auftrags hinsichtlich Struktur und Positionen sowie einer Auftragseinplanung erfolgt eine grobe Terminierung, Kapazitäts- und Materialdeckungsrechnung. Die für die Konstruktion relevanten Ergebnisse dieser Grobplanung, insbesondere Ecktermine, werden zusammen mit den Auftragsstruktur- und -positionsdaten sowie den Auftragsspezifikationen als Auftragsunterlagen an die Konstruktion weitergegeben. Mit Ausnahme der Auftragspositionen, denen die in der Konstruktion erstellten Stücklisten zugeordnet werden müssen, handelt es sich hier um informative Daten, also Daten, die in CAD nicht direkt weiterverarbeitet werden, sondern auf die die Konstruktionsmitarbeiter zu Informationszwecken zurückgreifen.

Ein weiterer Verknüpfungspunkt ist der Austausch von Stücklisten. Nicht nur für den Stücklistenaustausch, sondern grundsätzlich darf eine CAD-/PPS-Kopplung nicht nur die Übertragung der auszutauschenden Daten umfassen. Vielmehr muß die Datenerfassung und -weiterverarbeitung vor und nach der Datenübertragung einbezogen werden, um ganzheitlich betrachtet eine Effizienzsteigerung zu erreichen (ZELEWSKI 1986, S. 12 f., S. 19 f.). Eine Kopplung darf also nicht die bloße Verlagerung einer Teilfunktion aus einem EDV-System in ein anderes beinhalten, ohne damit insgesamt eine Aufwandsreduzierung zu bewirken. Vor diesem Hintergrund wird deutlich, daß eine Kopplung auch Teilfunktionen der gekoppelten EDV-Systeme umfassen muß.

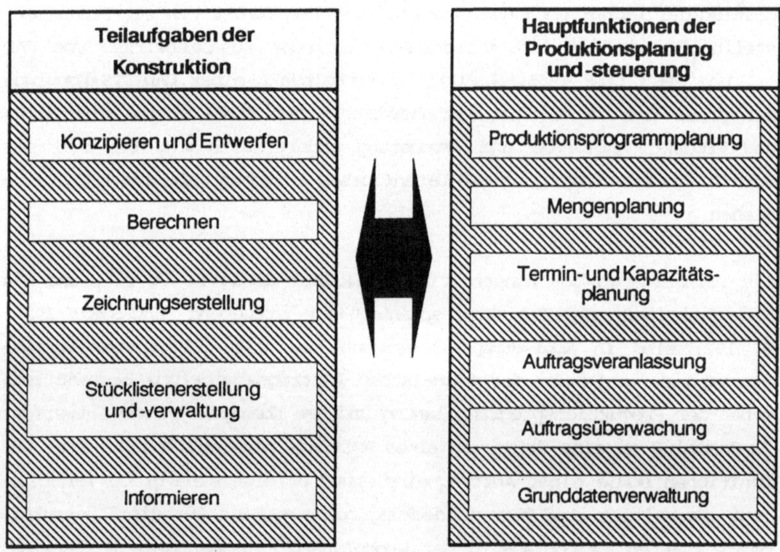


Abb. 5.3: Gegenüberstellung der Teilaufgaben der Konstruktion und der Hauptfunktionen der Produktionsplanung und -steuerung

Für den Stücklistenaustausch bedeutet dies, daß neben der Übertragung der Stücklisten aus CAD nach PPS die Erstellung der Stücklisten unter Rückgriff auf vorhandene Daten, beispielsweise den in den Gruppen-Zeichnungen enthaltenen Daten für die Stückliste, Gegenstand der CAD/PPS-Kopplung ist. Ebenso muß die Weiterbearbeitung der Stücklisten, d.h. die Ergänzung der von der Konstruktion angelegten Teilestammsätze um arbeitsplanerische und dispositive Daten sowie die Zuordnung der Rohmaterialien hinsichtlich Art und Menge Bestandteil der CAD/PPS-Kopplung sein. Erst mit der Bereitstellung der Stücklistendaten in verarbeitbarer Form ist eine vollständige Verknüpfung zur Mengenplanung hergestellt.

In diesem ganzheitlichen Sinn umfaßt die Stücklistenerstellung auch die Anlage der technischen Teilestammsätze für Fertigungsteile, also die Erfassung der von der Konstruktion festzulegenden Teilestammdaten wie Benennung, Werkstoff etc. (vgl. VDMA 1988 S. 16 ff.) sowie die Anlage von Teilestammsätzen für Zukaufteile. Die Stücklistenweiterbearbeitung muß zusätzlich die Anlage von Teilestammsätzen für Rohmaterialien beinhalten.

Ebenso müssen Stücklisten im Rahmen des Änderungswesen ausgetauscht werden. In Anlehnung an DIN 199 Teil 4,(1981, S. 3 f.) soll zwischen Änderungsvorlauf und durchführung unterschieden werden, wobei abweichend von DIN 199 Teil 4 (a.a.O.) die Änderungsdurchführung weiter in die eigentliche Ausführung und die Koordination der Änderungsmaßnahmen differenziert wird. Mit dieser Differenzierung wird das prinzipbedingte Problem einer Kopplung, die fehlende EDV-technische Sicherung der Konsistenz der in CAD und PPS redundant verwalteten Daten, berücksichtigt, das insbesondere beim Änderungswesen von zentraler Bedeutung ist.

Darüber hinaus greift die Konstruktion im Rahmen der Erzeugniskonstruktion auf PPS mit dem Ziel der Informationsbeschaffung auf Basis der Grunddatenverwaltung zu. Neben der Suche nach Ähnlich- und Wiederverwendungsteilen hat diese Informationsbeschaffung auch eine erste Überprüfung von Beschaffungsmöglichkeiten zum Ziel, die in einer direkten Kontaktaufnahme zwischen Konstruktionsmitarbeitern und Disponenten bzw. Einkäufern münden können, um ggf. erforderliche Vorabdispositionen oder Bestandsreservierungen abzustimmen. Weiterhin umfaßt die Recherche Bestellanfragen für neue Zukaufteile, die die Konstruktion an den Einkauf richtet.

Zudem stellt die Weitergabe der Fertigungsdokumente, insbesondere von Teile- und Gruppen-Zeichnung für Arbeitsplanerstellung, NC-Programmerstellung oder Teilefertigung und Montage einen Verknüpfungspunkt zwischen Konstruktion und PPS dar. Allerdings beinhaltet dieser Verknüpfungspunkt keinen Datenaustausch zwischen CAD- und PPS-System, sondern vielmehr die Koordination der Dokumentenbereitstellung. In Abbildung 5.4 sind die Sachziele einer CAD/PPS-Kopplung zusammenfassend dargestellt.

**Sachziele der CAD/PPS- Kopplung**

| Sachziel | Inhalte |
|---|---|
| Weitergabe der Auftragsunterlagen | - Bereitstellung von<br>- Auftragsspezifikationen<br>- Eckterminen<br>- Auftragsstrukturen und -positionen |
| Stücklistenerstellung | - Anlage technischer Teilestammsätze für Fertigungsteile<br>- Anlage von Teilestammsätzen für Zukaufteile<br>- Erstellung der Stücklisten |
| Stücklistenweiterbearbeitung | - Bereitstellung von<br>- technischen Teilestammsätzen<br>- Stücklisten<br>- Ergänzung der technischen Teilestammsätze<br>- Anlage von Teilestammsätzen für Rohmaterialien<br>- Zuordnung der Rohmaterialien hinsichtlich Art und Menge zu Fertigungsteilen |
| Änderungswesen | - Änderungsvorlauf<br>- Koordination der Änderungsmaßnahmen<br>- Ausführung der Änderungsmaßnahmen |
| Recherche | - Suche nach Ähnlich- und Wiederverwendungsteilen<br>- Rückgriff auf Grund- und Bewegungsdaten<br>- Abstimmung von Vorabdispositionen und Bestandsreservierungen<br>- Bestellanfragen für Zukaufteile |
| Weitergabe der Fertigungsdokumente | - Anforderung der Dokumente<br>- Bereitstellung der Dokumente |

Abb. 5.4: Überblick über die Sachziele der CAD/PPS-Kopplung

Anhand der Vorstellung der Sachziele der CAD/PPS-Kopplung wird deutlich, daß insbesondere die Stücklistenerstellung und -weiterbearbeitung sowie das Änderungswesen und die Recherche im Mittelpunkt einer CAD/PPS-Kopplung stehen. Dementsprechend liegt der Schwerpunkt der weiteren Bearbeitung der Aufgabenstellung auf diesen Sachzielen. Die Sachziele Weitergabe der Auftragsunterlagen bzw. Weitergabe der Fertigungsdokumente sind nachfolgend nicht separat berücksichtigt, sondern werden, soweit es für die Entwicklung der Gestaltungsvorschläge bezüglich der Sachziele Stücklistenerstellung und -weiterbearbeitung sowie Änderungswesen und Recherche von Bedeutung ist, wieder aufgegriffen.

### 5.2.2 Formalziele

Die Realisierung einer CAD/PPS-Kopplung stellt einen wesentlichen Schritt zu einem "integrierten EDV-Einsatz in allen mit der Produktion zusammenhängenden Betriebsbereichen" (AWF 1985, S. 10) dar. Entsprechend sind die mit der Einführung des Computer Integrated Manufacturing angestrebten Ziele, die Rationalisierung von Datenfluß und Datenverwaltung sowie die Optimierung der Organisation (BRAUN u.a. 1988. S. 19) auch für die Realisierung einer CAD/PPS-Kopplung gültig. In der einschlägigen Literatur finden sich vielfältige Ansätze, diese globalen Ziele zu präzisieren. Abbildung 5.5. gibt einen Überblick über die in der Literatur genannten Formalziele, die mit der Realisierung einer CAD/PPS-Kopplung verfolgt werden. Auf Basis der in Abbildung 5.5. aufgelisteten und in der einschlägigen Literatur genannten Formalziele soll nachfolgend durch Verdichtung ein Zielsystem für die Realisierung einer CAD/PPS-Kopplung entwickelt werden.

Wesentliches Formalziel einer CAD/PPS-Kopplung ist die Reduzierung des Aufwandes für die Datenerfassung. Angestrebt wird die einmalige Erfassung und die systemübergreifende Mehrfachverwendung von Daten. Damit wird Doppelarbeit vermieden und so der Zeit- und Personalaufwand für die Datenerfassung reduziert. Bedingt durch die Vermeidung der mehrfachen manuellen Datenerfassung kann zudem die Datenqualität gesteigert werden. Da mit jeder manuellen Eingabe von Daten Schreib- und Übertragungsfehler verbunden sind, läßt sich die Datenqualität durch die EDV-technische Übertragung von Daten zwischen CAD und PPS positiv beeinflussen.

Ein weiterers wesentliches Formalziel der CAD/PPS-Kopplung ist die Verbesserung der Kommunikation zwischen den über die Kopplung EDV-technisch verbundenen Bereichen. Hiermit kann die Übertragung von Arbeitsergebnissen eines Bereiches, die ein anderer Bereich als Grundlage für seine Arbeit benötigt, beschleunigt werden. Zudem besteht durch die EDV-technische Verbindung von CAD- und PPS-System grundsätzlich die Möglichkeit, Nachrichten zwischen CAD- und PPS-Arbeitsplätzen auszutauschen. Damit können beispielsweise Abstimmungen zwischen mehreren Stellen schneller und komfortabler vorgenommen werden.

| Quellen / Formalziele der CAD/PPS-Kopplung | Grabowski 1985 | Eigner 1986 | Nedeß u. a. 1986 | Witte u. a. 1986 | Eversheim u. a. 1987 | Lambert 1987 | Jabbusch 1987 | Scheer 1987 | Braun u. a. 1988 | Bührer 1988 | Fritz u. a. 1988 | Kölle 1988 |
|---|---|---|---|---|---|---|---|---|---|---|---|---|
| Einmalige Datenerfassung | ● | | ● | ● | ● | | | ● | ● | ● | ● | ● |
| Vermeidung von Doppelarbeit | ● | | | ● | ● | | | ● | ● | | | |
| Vermeidung von Informationsverlusten | ● | ● | ● | | ● | | | | ● | ● | ● | ● |
| Beschleunigung des Datenflusses | | | ● | | ● | ● | ● | | ● | ● | | |
| Verbesserung der Kommunikation | | | ● | | | ● | ● | | ● | | ● | ● |
| Steigerung der Transparenz | ● | | | | | | | | ● | | | |
| Erweiterung der Informationsbasis | | | | ● | | | | | ● | | | |
| Standardisierung und Normung | | | ● | | | | ● | | | | | |
| Steigerung der Teilewiederverwendung | | | | | | | | ● | ● | ● | ● | ● |

Abb.5.5: In der einschlägigen Literatur genannte Formalziele der CAD/PPS-Kopplung

Während bei einer konventionellen Verbindung von Konstruktion und Produktionsplanung und -steuerung Dokumente und Belege physikalisch von einer Stelle zur anderen wandern, werden bei einer CAD/PPS-Kopplung diese quasi unsichtbar weitergeleitet. Hieraus resultiert die Notwendigkeit, den Datenfluß bei einer CAD/PPS-Kopplung beispielsweise mittels Statuskennzeichen in seinem Fortschritt zu protokollieren. Damit besteht die Möglichkeit, den aktuellen Stand der Auftragsbearbeitung stets rechnerintern verfügbar zu haben und die Transparenz der technischen Auftragsabwicklung zu erhöhen.

Mit einer CAD/PPS-Kopplung können die Konstruktionsmitarbeiter vom CAD-Arbeitsplatz direkt auf Funktionen des PPS-Systems zugreifen. Hiermit ist beispielsweise die Möglichkeit gegeben, die PPS-Grunddatenverwaltung zur Suche nach Ähnlich-und Wiederverwendungsteilen zu nutzen. Über diese Erweiterung der Informationsbasis für die Konstruktionsmitarbeiter besteht mittelbar die Möglichkeit, den Einsatz von Wiederverwendungsteilen zu erhöhen und damit die Vielfalt des Teilespektrums zu begrenzen. Mit Hilfe der CAD/PPS-Kopplung wird für die CAD-Benutzer ein komfortabler Zugang zur PPS-Grunddatenverwaltung geschaffen. Hieraus resultierend ist eine höhere Nutzungshäufigkeit der PPS-Grunddatenverwaltung zur Suche nach Ähnlich- und Wiederverwendungsteilen durch die Konstruktionsmitarbeiter zu erwarten. Zusammenfassend zeigt Abbildung 5.6 die dieser Arbeit zugrunde gelegten Formalziele der CAD/PPS-Kopplung.

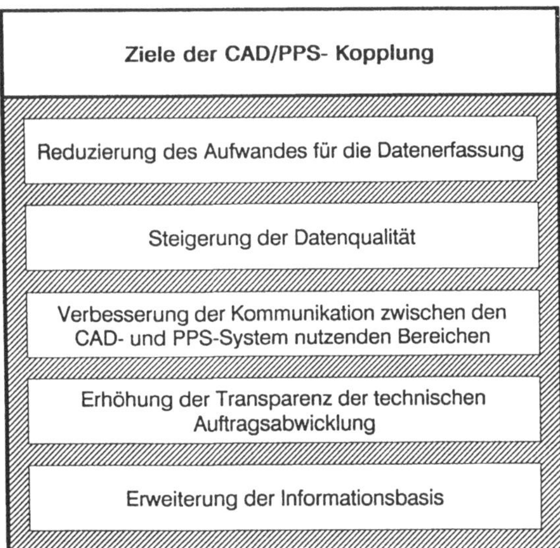


Abb. 5.6: Überblick über die Formalziele der CAD/PPS-Kopplung

### 5.2.3 Anforderungen

Entsprechend der in Kapitel 5.1 entwickelten Vorgehensweise werden nachfolgend die Anforderungen an die Organisation der CAD/PPS-Kopplung in Form von Merkmalen und Merkmalsausprägungen ermittelt. Dies erfolgt aufbauend auf den in Kapitel 4.2 dargelegten Grundlagen. Dementsprechend wird zur Auswahl der Merkmale auf die in Kapitel 4.2 aufgestellten Kriterien zurückgegriffen. Im Mittelpunkt der Suche der Merkmale steht das Kriterium Aussagefähigkeit. Mit Hilfe dieses Kriteriums ist zu gewährleisten, daß nur Merkmale ausgewählt werden, die in einem direkten, möglichst ursächlichen Zusammenhang mit dem Untersuchungsziel und dem Untersuchungsbereich stehen. Das Untersuchungsziel der vorliegenden Arbeit liegt in der Entwicklung von Vorschlägen zur technisch-organisatorischen Gestaltung der CAD/PPS-Kopplung für Unternehmen des Maschinen- und Anlagenbaus. Der Untersuchungsbereich kann entsprechend den Sachzielen der CAD/PPS-Kopplung (vgl. Kapitel 5.2.1) als Erstellung, Aufbereitung und Pflege von Stücklisten und Teilestammsätzen beschrieben werden.

Die Erstellung, Aufbereitung und Pflege der Stücklisten und Teilestammsätze in Unternehmen des Maschinen- und Anlagenbaus wird vor allem durch den Grad des Vorhandenseins dieser für die PPS wesentlichen Planungsgrundlagen bei Kundenauftragseingang bestimmt. Mit dem Vorhandensein der Stücklisten und Teilestammsätze besteht die Möglichkeit, auf diese zurückzugreifen. Umfang und Art dieses Rückgriffs haben einen unmittelbaren Einfluß auf die Organisation und den EDV-Einsatz bei der Erstellung, Aufbereitung und Pflege der Stücklisten und Teilestammsätze. Die technisch-organisatorische Gestaltung der Sachziele des Untersuchungsbereichs ist damit wesentlich durch das Vorhandensein der Stücklisten und Teilestammsätze bei Kundenauftragseingang bestimmt. Da das Vorhandensein von Stücklisten und Teilestammsätzen mit dem Grad der Standardisierung der Erzeugniskonstruktion bzw. der Neuartigkeit der Kundenauftragsspezifikationen korreliert, setzt SCHOMBURG (1980, S. 38 f.) diesen Zusammenhang in das Merkmal Erzeugnisspektrum um, das durch den Standardisierungsgrad der Erzeugniskonstruktion beschrieben wird. Damit impliziert dieses Merkmal bereits die wesentlichen Anforderungen an die Organisation der CAD/PPS-Kopplung. Dementsprechend wird das Merkmal Erzeugnisspektrum als Leitmerkmal ausgewählt und durch Folgemerkmale weiter differenziert.

Erzeugnisspektrum

In Anlehnung an SCHOMBURG (a.a.O., S. 38 ff.) soll mit dem Merkmal Erzeugnisspektrum, wie bereits ausgeführt, der Standardisierungsgrad der Erzeugniskonstruktion beschrieben werden. SCHOMBURG (a.a.O.) differenziert die vier in Abbildung 5.7 dargestellten Ausprägungen.

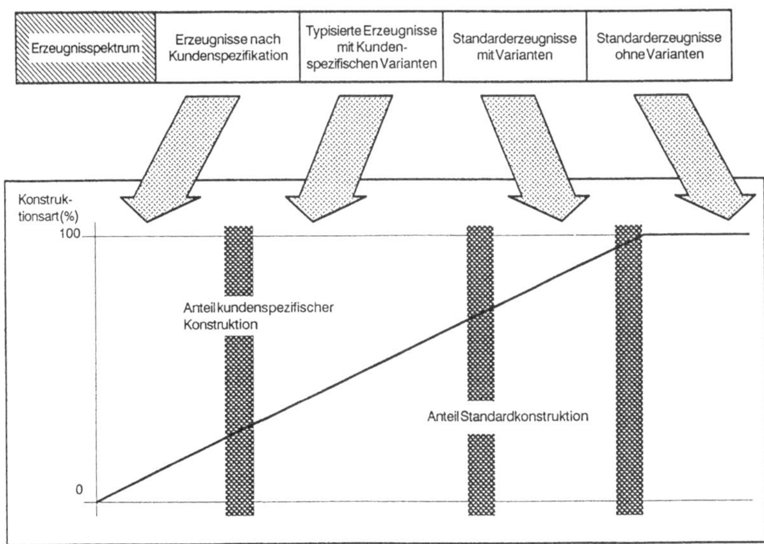


Abb. 5.7: Ausprägungen des Merkmals Erzeugnisspektrum (vgl. SCHOMBURG a.a.O., S. 39)

Die Abgrenzung der Ausprägungen wird anhand des Verhältnisses der Anteile kundenspezifischer Konstruktion und Standardkonstruktion vorgenommen. Die Merkmalsausprägungen können in Anlehnung an SCHOMBURG (a.a.O., S. 39 ff.) wie folgt beschrieben werden. Die Erzeugniskonstruktion wird bei der Produktion von Erzeugnissen nach Kundenspezifikation weitestgehend durch kundenspezifische Anforderungen festgelegt. Jeder Kundenauftrag über ein neu zu produzierendes Erzeugnis hat damit in der Regel den Charakter einer Neukonstruktion. Daher besteht hier keine Möglichkeit, einen nennenswerten Teil der Erzeugniskonstruktionen zu standardisieren. Hieraus resultiert ein in der Regel für jeden eingehenden Kundenauftrag erheblicher Aufwand in den der Fertigung vorgelagerten Bereichen, der den überwiegenden Anteil an der Auftragsabwicklungszeit beanspruchen kann.

Typisierte Erzeugnisse mit kundenspezifischen Varianten werden durch die Möglichkeit des Rückgriffs auf vorhandene Grundkonstruktionen, die standardisierte Gruppen und Teile aufweisen, gekennzeichnet. Darüber hinaus sind, aufbauend auf diesen Standardkonstruktionen, kundenspezifische Konstruktionen zu erstellen. Standardkonstruktionen und kundenspezifische Konstruktionen prägen in gleichem Maße die Produktion von typisierten Erzeugnissen mit kundenspezifischen Varianten. Der Aufwand in den der Fertigung vorgelagerten Bereichen, und daraus resultieren der Anteil dieser Bereiche an der Auftragsabwicklungszeit, ist auch hier erheblich.

Bei Standarderzeugnissen mit Varianten ist der Einfluß des Kunden auf die Konstruktion der Erzeugnisse gering. Die Anpassung der Erzeugniskonstruktionen an die Kundenspezifikationen beschränkt sich auf konstruktive Änderungen an Details bzw. erfolgt durch Kombination oder Dimensionierung bekannter Konstruktionen. Der Anteil der der Fertigung vorgelagerten Bereiche an der Auftragsabwicklungszeit ist gering.

Kennzeichnend für Standarderzeugnisse ohne Varianten ist der fehlende kundenspezifische Einfluß auf die Konstruktion der Erzeugnisse. Die der Erzeugniskonstruktion zugrunde liegenden Spezifikationen werden vom Unternehmen vor dem Hintergrund der Situation auf den Absatzmärkten festgelegt. Die Erzeugniskonstruktion und die Kundenauftragsabwicklung haben keinen Bezug zueinander, so daß kein konstruktiver Aufwand im Rahmen der Kundenauftragsabwicklung anfällt.

Die übrigen von SCHOMBURG (a.a.O., S. 44 ff.) definierten Merkmale können für die Bearbeitung der vorliegenden Aufgabenstellung nicht verwendet werden, da sie nicht dem Kriterium Aussagefähigkeit genügen. Das von SCHOMBURG (a.a.O., S. 35) der Merkmalsauswahl zugrunde gelegte Modell der Produktion bildet nicht die der Fertigung vorgelagerten Unternehmensbereiche ab, denen die Erstellung, Aufbereitung und Pflege der Stücklisten und Teilestammsätze obliegen. Dementsprechend sind die von

SCHOMBURG (a.a.O., S. 44 ff.) ausgewählten Merkmale bezogen auf den Untersuchungsbereich der vorliegenden Arbeit nicht aussagefähig. Dies gilt nicht für das Merkmal Erzeugnisstruktur. Dieses Merkmal genügt jedoch nicht dem Kriterium Differenzierbarkeit, da es sich bei den Erzeugnissen der Zielgruppe, Unternehmen des Maschinen- und Anlagenbaus, in der Regel um komplexe Erzeugnisse handelt. Folglich müßte die Zielgruppe einheitlich der Merkmalsausprägung mehrteilige Erzeugnisse komplexer Struktur zugeordnet werden. Obwohl in den letzten Jahren in einer ganzen Reihe weiterer Arbeiten (vgl. beispielsweise BÄUMER 1981; PIEPER-MUSIOL 1982; LEY 1984; NITZSCHE 1987; STRACK 1987; FÖRSTER 1988; KLEIN 1988; VIRNICH 1988; WEINGÄRTNER 1988) Typologien entwickelt und eine Vielzahl von Merkmalen definiert wurden, können aus diesen Arbeiten dennoch keine Merkmale übernommen werden, da diese bezüglich des Untersuchungsziels und des Untersuchungsbereichs der vorliegenden Arbeit nicht aussagefähig sind.

Wie bereits ausgeführt, müssen zur Differenzierung des Leitmerkmals Erzeugnisspektrum Folgemerkmale ausgewählt werden. Grundlage der Auswahl der Folgemerkmale müssen ebenso wie bei der Auswahl des Leitmerkmals die in Kapitel 4.2 aufgestellten Kriterien, insbesondere das Kriterium Aussagefähigkeit sein. Dementsprechend orientiert sich die Auswahl der Folgemerkmale an den in Kapitel 5.2.1 definierten Sachzielen der CAD/PPS-Kopplung. Nachfolgend werden diese Merkmale mit ihren Ausprägungen vorgestellt.

Erzeugnismodularisierung

Das Merkmal Erzeugnismodularisierung kennzeichnet den Grad der systematischen Erzeugnisstrukturierung. Unterschieden werden hier die in Abbildung 5.8 gezeigten Ausprägungen.

Die systematische Erzeugnisstrukturierung beschränkt sich bei auf Maschinenebene modularen Erzeugnissen auf Maschinen. Hier besteht die Möglichkeit, einzelne Maschinen zu Anlagen zu kombinieren und so dem von den Kunden geforderten Funktions- und Leistungsumfang zu entsprechen oder einzelne Maschinen in einer bestehenden Anlage zu ersetzen.

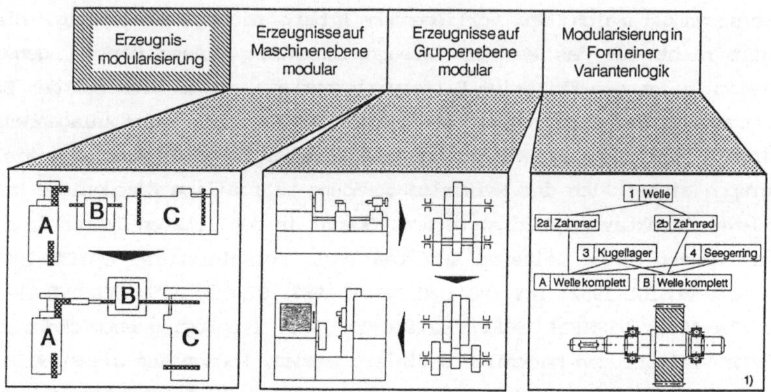


Abb. 5.8: Ausprägungen des Merkmals Erzeugnismodularisierung ( 1) in Anlehnung an EVERSHEIM u.a. (1986, S.50))

Bei auf Gruppenebene modularen Erzeugnissen umfaßt die systematische Erzeugnisstrukturierung über die Maschinenebene hinaus auch Gruppen. Gruppen mit verschiedenen Funktionen und Lösungen können durch Kombination verschiedener Gesamtfunktionen erfüllt oder auch an unterschiedliche Einsatzbedingungen angepaßt werden. Damit kann mit geringerem konstruktiven Aufwand im Rahmen der Auftragsabwicklung den Kundenspezifikationen entsprochen werden. Die Kombination verschiedener Gruppen bedingt aber in der Regel konstruktive Anpassungen. Vordefinierte Kombinationsregeln sind hier nicht gegeben.

Die Modularisierung von Erzeugnissen in Form einer Variantenlogik stellt die umfassenste Art der systematischen Erzeugnisstrukturierung dar. Ähnlich wie bei auf Gruppenebene modularen Erzeugnissen können Gruppen durch Kombination, hier aber auch durch Dimensionierung, an den von den Kunden geforderten Funktions- und Leistungsumfang oder auch an von Kunden vorgegebene Einsatzbedingungen angepaßt werden. Im Gegensatz zu auf Gruppenebene modularen Erzeugnissen sind bei in Form von Variantenlogiken modularisierten Erzeugnissen Regeln definiert. Diese Regeln schließen unzulässige Kombinationen oder Dimensionierungen aus. Damit erübrigen sich konstruktive Anpassungen.

Konstruktionsablaufstruktur

Die Ablaufstruktur der technischen Auftragsabwicklung in der Konstruktion wird durch das Merkmal Konstruktionsablaufstruktur charakterisiert. Abgrenzendes Kriterium ist der Zeitpunkt der Stücklistenerstellung. Bezüglich dieses Merkmals werden die in Abbildung 5.9 dargestellten Ausprägungen differenziert.

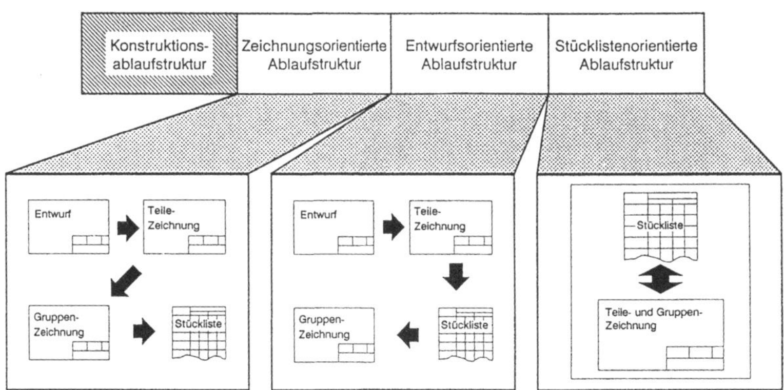


Abb. 5.9: Ausprägungen des Merkmals Konstruktionsablaufstruktur

Kennzeichnend für die zeichnungsorientierte Ablaufstruktur in der Konstruktion ist die überwiegende Erstellung der Stücklisten auf Basis der Gruppen-Zeichnungen. Erst mit der Gruppen-Zeichnung ist die Konstruktion soweit konkretisiert, daß die Stückliste erstellt werden kann. Aufgrund der Neuartigkeit der Aufgabenstellung und dem daraus resultierenden prototyphaften Charakter der zu konstruierenden Erzeugnisse müssen die Entwürfe durch die Zusammenstellung der detaillierten Teile zu Gruppen-Zeichnungen überprüft werden.

Bei der entwurfsorientierten Ablaufstruktur in der Konstruktion wird die Stückliste vor der Gruppen-Zeichnung erstellt. Die Neuartigkeit der Konstruktionen ist geringer. Der Entwurf, der häufig auf Basis einer Gruppen-Zeichnung einer ähnlichen Gruppe erstellt wird, weist hier eine weitgehende Konkretisierung und Verbindlichkeit auf. Die Detaillierung der Teile umfaßt in größerem Umfang die Anpassung bekannter Teile, entsprechend dem Entwurf. Entwurf und Teile-Zeichnungen sind Basis der Stücklistenerstellung. Die Gruppen-Zeichnung wird insbesondere zur Montage gebraucht. Parallel zur Erstellung der Gruppen-Zeichnung werden die Teile-Zeichnungen und Stücklisten in den nachgelagerten Bereichen weiterbearbeitet.

Die Stücklistenerstellung erfolgt bei einer stücklistenorientierten Ablaufstruktur in der Konstruktion nicht auf Basis einer Gruppen-Zeichnung oder eines Entwurfs. Die Auftragsspezifikationen werden direkt in Stücklisten umgesetzt. In der Regel ist hierzu eine EDV-Unterstützung in Form von Variantenprogrammen erforderlich, mit deren Hilfe Stücklisten und ggf. auch gleichzeitig Gruppen-Zeichnungen generiert werden können.

Erzeugnisstandardisierung

Das Merkmal Erzeugnisstandardisierung gibt Aufschluß über die der Standardisierung der Erzeugniskonstruktion zugrundeliegende Zielsetzung. Kriterium der Abgrenzung ist die Art der Begrenzung der Variantenvielfalt bezüglich des Teilespektrums. Hier lassen sich die in Abbildung 5.10 aufgeführten Ausprägungen unterscheiden.

Durch die gegebenen Fertigungsmöglichkeiten hinsichtlich angewendeter Technologien, Quantität und Qualität der zu fertigenden Erzeugnisse wird das Teilespektrum begrenzt. Eine weitergehende Einschränkung der Variantenvielfalt ist in der Regel wirtschaftlich nicht zu rechtfertigen, da die Heterogenität der Kundenspezifikationen einem Rückgriff auf Wiederverwendungsteile in größerem Umfang entgegen steht. Durch Rückgriff auf ähnliche Teile und deren Anpassungen muß der Aufwand in den der Konstruktion nachgelagerten Bereichen reduziert werden.

Bei einer Begrenzung der Teilevielfalt wird die Zahl der Varianten durch Rückgriff auf Wiederverwendungsteile beschränkt. Kennzeichnend ist hier, daß die Begrenzung der Teilevielfalt nicht durch Restriktionen bezüglich der Anlage von Stammsätzen für neue Teile oder explizite Kontrollen erreicht wird, sondern die Konstruktion dies eigenverantwortlich sicherstellt.

Die <u>Gewährleistung der Teilewiederverwendung</u> wird dagegen durch Restriktionen bezüglich der Anlage von Stammsätzen von neuen Teilen oder explizite Kontrollen erreicht. Der zusätzliche Aufwand hierfür muß allerdings durch ein entsprechendes Einsparungspotential in den der Konstruktion nachgelagerten Bereichen, insbesondere in der Fertigung, gerechtfertigt werden.

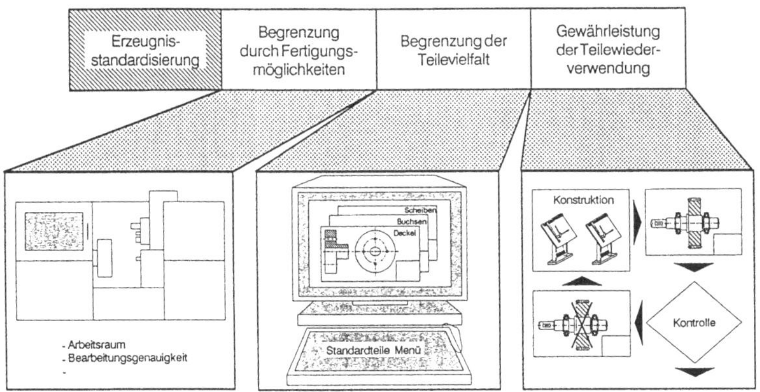


Abb. 5.10: Ausprägungen des Merkmals Erzeugnisstandardisierung

<u>Änderungsgründe</u>

Mit dem Merkmal Änderungsgründe werden die Gründe aus denen Änderungen an Erzeugniskonstruktionen erforderlich sind, beschrieben. Differenziert werden können hier die in Abbildung 5.11 dargestellten Ausprägungen.

<u>Modifikationen der Spezifikationen durch den Kunden</u> werden durch Änderungen der Einsatzbedingungen des in Auftrag gegebenen Erzeugnisses beim Kunden verursacht und treten vor allem bei langen Auftragsabwicklungszeiten auf. Zur Gewährleistung der Einsatzmöglichkeiten des Erzeugnisses müssen die Auftragsspezifikationen entsprechend den geänderten Einsatzbedingungen modifiziert werden.

Technische Mängel an Teilen und Gruppen müssen in Erzeugnissen mit prototyphaftem Charakter als unvermeidlich angesehen werden. Als Änderungsgründe sind sie jedoch nur direkt für die Abwicklung von Kundenaufträgen von Bedeutung. Bei kundenanonymen Entwicklungen auftretende Mängel werden im Rahmen der Erzeugnisentwicklung, die durch eine iterative Überarbeitung der in der Entwicklung befindlichen Erzeugnisse geprägt ist, ausgeführt. Spezielle Regelungen sind daher für die Korrektur von Mängeln im Rahmen der Kundenauftragsabwicklung zu definieren.

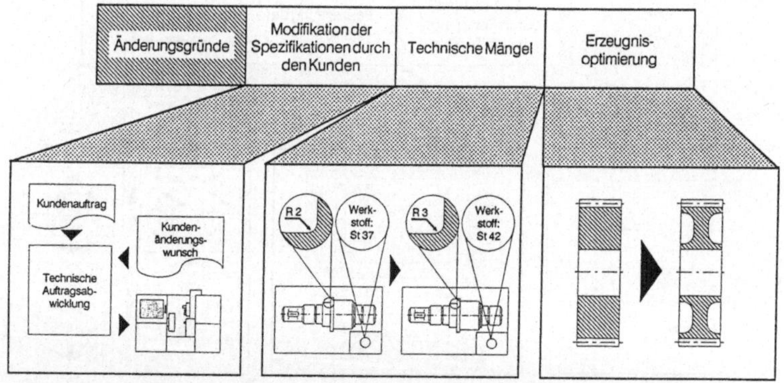


Abb. 5.11: Ausprägungen des Merkmals Änderungsgründe

Kennzeichen von Erzeugnisoptimierungen sind Verbesserungen an Erzeugnissen, die ohne Bezug zu einem Kundenauftrag vorgenommen werden. Erzeugnisoptimierungen beziehen sich ausschließlich auf Standardkonstruktionen. Für Erzeugnisoptimierungen ist ein in Änderungsvorlauf und -durchführung gegliederter Ablauf charakteristisch (vgl. DIN 199 Teil 4 1981, S. 2).

### 5.2.4 Organisationsmerkmale

Die Beschreibung der Organisation erfolgt nach GROCHLA (1978, S. 30) durch einzelne Merkmale, sogenannte Dimensionen der Organisation. Da die Organisation einen optimalen Wirkzusammenhang personaler und maschineller Aufgabenträger im Hinblick auf die Aufgabenerfüllungsprozesse herzustellen sucht, müssen bei der Gestaltung der Organisation Restriktionen der Technik, hier Einschränkungen aufgrund des Prinzips der Kopplung, berücksichtigt werden. Demgegenüber gehen aus der Gestaltung der Organisation Anforderungen an den Funktions- und Leistungsumfang der einzusetzenden Technik hervor (vgl. GROCHLA 1978, S. 195). Um diesem Zusammenhang gerecht zu werden, sind einerseits Merkmale zu definieren, auf deren Grundlage die Verhaltensregeln der Benutzer von CAD und PPS formuliert werden können. Nachfolgend werden die Verhaltensregeln der Benutzer als organisatorische Regelungen bezeichnet. Andererseits sind Merkmale zu definieren, mit denen die Anforderungen an den Funktions- und Leistungsumfang der Kopplungslösung beschrieben werden können. Unter Kopplungslösung sollen hier die die Kopplung betreffenden Funktionen von CAD- und PPS-System sowie die Kopplungssoftware verstanden werden. Die nachfolgend vorgestellten Merkmale dienen in Kapitel 7 als Grundlage der Entwicklung von Gestaltungsvorschlägen. Diese Merkmale stellen allerdings keine Gliederungskritierien dar. Vielmehr wird, abhängig von der jeweiligen Fragestellung, auf die zutreffenden Organisationsmerkmale zurückgegriffen und auf der Grundlage dieser die Gestaltungsvorschläge entwickelt.

Die Aufstellung der Merkmale, mit deren Hilfe die zu treffenden organisatorischen Regelungen zu beschreiben sind, erfolgt in Anlehnung an die in der einschlägigen Literatur vorherrschend verwendeten organisatorischen Dimensionen. Auf eine eingehende Diskussion dieser organisatorischen Dimensionen soll hier verzichtet werden. Eine zusammenfassende Übersicht dazu findet sich bei BÄUMER (1981, S. 39). Vor dem Hintergrund der vorliegenden Aufgabenstellung wurden die in Abbildung 5.12 aufgeführten Merkmale ausgewählt, die nachfolgend im einzelnen erläutert werden.

Unter Arbeitsteilung nach Verrichtungsart soll in Anlehnung an GROCHLA (1978, S. 33) die Zerlegung von größeren Aufgabenkomplexen in Teilaufgaben und die Übertragung dieser Teilaufgaben auf bestimmte Stellen oder Bereiche verstanden werden. Für die Bearbeitung der vorliegenden Aufgabenstellung sollen in Anlehnung an die Begriffsverwendung in der betrieblichen Praxis die Bereiche Konstruktion, Normenstelle, Arbeitsplanung, Mengenplanung und Einkauf unterschieden werden.

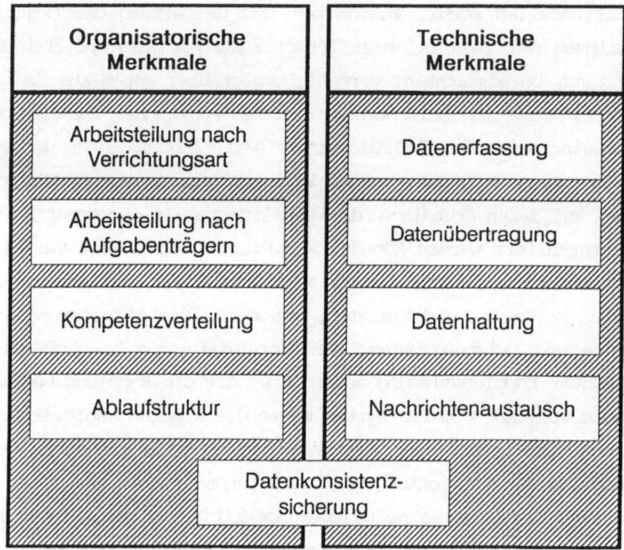


Abb. 5.12: Merkmale zur technisch-organisatorischen Gestaltung der CAD/PPS-Kopplung

Ergänzend dazu beschreibt das Merkmal Arbeitsteilung nach Aufgabenträgern die Verteilung der Aufgaben auf die Aufgabenträger Mensch und EDV. Hier muß festgelegt werden, in welchem Umfang und mit welcher Intensität der Mensch bei der Verrichtung der Aufgaben von der EDV unterstützt wird. Speziell muß definiert werden, in welcher Art der Mensch bei der Bearbeitung der Aufgaben das CAD-System, die Kopplungssoftware oder das PPS-System nutzt.

Bei den organisatorischen Regelungen, die durch das Merkmal Kompetenzverteilung beschrieben werden, geht es darum, Befugnisse für spezifische Aufgaben, beispielsweise Kontrollen, Freigaben oder Veranlassungen bzw. Weisungen festzulegen. Insbesondere sind hier den einzelnen Stellen und Bereichen die Befugnisse zur Ausführung der vorzunehmenden Kontrollen zuzuordnen.

Die zeitliche und logische Reihenfolge der Verrichtung der einzelnen Teilaufgaben und Aufgaben wird durch das Merkmal Ablaufstruktur erfaßt.

Im Mittelpunkt steht die Strukturierung der zur Aufgabenerfüllung erforderlichen Teilaufgaben und Aufgaben und damit die Gestaltung des koordinierten Zusammenwirkens der einzelnen Stellen und Bereiche. Beispielsweise muß hier festgelegt werden, im Anschluß an welche Teilaufgaben und Aufgaben Kontrollen zu erfolgen haben.

Die (technischen) Merkmale, mit denen die Anforderungen an den Funktions- und Leistungsumfang der Kopplungslösung zu beschreiben sind, ergänzen die zuvor erläuterten (organisatorischen) Merkmale. Mit diesen Merkmalen können insbesondere die aus den organisatorischen Regelungen abzuleitenden Anforderungen an den Funktions- und Leistungsumfang der Kopplungslösung konkretisiert werden. Dazu gehört die Formulierung der Anforderungen an die Datenerfassung. Entsprechend der Zielsetzung bei der Realisierung einer CAD/PPS-Kopplung, den Aufwand für die Datenerfassung durch Rückgriff auf bereits erfaßte Daten zu reduzieren, ist zu spezifizieren, welche Daten für welches Dokument oder welchen Datensatz aus welchem Dokument oder Datensatz übernommen werden sollen.

Eng verbunden damit ist die Frage der Datenhaltung. Hier muß definiert werden, welche Daten in welcher Form, d.h. in welchen Datensätzen und Dokumenten in CAD-und PPS-System verwaltet werden. Insbesondere wird hier festgelegt, welche Daten redundant verwaltet werden und damit Gegenstand der Konsistenzsicherung sein müssen. Aus der Spezifizierung der Datenhaltung und den organisatorischen Merkmalen, insbesondere der Ablaufstruktur, müssen die Anforderungen an die Datenübertragung abgeleitet werden. Zu definieren ist hier, welche Daten explizit zwischen CAD- und PPS-System ausgetauscht werden und welche nur für den wechselseitigen Zugriff zum Zweck der Informationsbeschaffung bereit stehen müssen. Zudem sind die Anforderungen an den Nachrichtenaustausch zwischen CAD- und PPS-Arbeitsplätzen zu formulieren, um dem Formalziel der Verbesserung der Kommunikation zwischen den CAD- und PPS-System nutzenden Bereichen gerecht zu werden.

Das Merkmal Datenkonsistenzsicherung kann nicht ausschließlich der Kategorie der technischen Merkmale zugeordnet werden, da aufgrund des Prinzips der Kopplung die Datenkonsistenz allein EDV-technisch nicht zu gewährleisten ist. Daher müssen durch geeignete organisatorische Regelungen die zu fordernden bzw. nicht zu realisierenden Funktionen und Leistungen der Kopplungslösung ergänzt bzw. kompensiert werden.

# 6. Ermittlung von Anforderungsprofilen zur technisch-organisatorischen Gestaltung der CAD/PPS-Kopplung

Aufbauend auf den in Kapitel 5.2.3 definierten Merkmalen und den zugehörigen Ausprägungen sollen nachfolgend Anforderungsprofile ermittelt werden, die ihrerseits die Grundlage für die in Kapitel 7. entwickelten Gestaltungsvorschläge bilden. Wie in Kapitel 4.2 erläutert, liegt das Ziel bei der Ermittlung von Anforderungsprofilen in der Erarbeitung von Elementartypen, die eine vollständige Erfassung der Zielgruppe erlauben, aber gleichzeitig einen möglichst geringen Abstraktionsgrad gegenüber der Realität in den Unternehmen der Zielgruppe aufweisen. Damit wird eine eindeutige Zuordnung der Unternehmen der Zielgruppe zu den Anforderungsprofilen sichergestellt. Zudem können Organisationsformen entwickelt werden, die durch möglichst große Unterschiede zueinander gekennzeichnet sind und damit dem Anwender der Gestaltungsvorschläge die gesamte Bandbreite der möglichen Organisationsformen verdeutlicht.

Für jedes Anforderungsprofil werden die charakteristischen Merkmalsausprägungen ermittelt, so daß jedes Anforderungsprofil durch eine spezielle Kombination von Merkmalsausprägungen gekennzeichnet ist. Die Ermittlung der für das jeweilige Anforderungsprofil charakteristischen Merkmalsausprägungen orientiert sich an dem Merkmal Erzeugnisspektrum, das als Leitmerkmal zugrundegelegt wird. Entsprechend den vier Ausprägungsstufen des Merkmals Erzeugnisspektrum sind vier Anforderungsprofile zu unterscheiden. Zur Veranschaulichung der Anforderungsprofile sollen die in Kapitel 5.2.3 definierten Merkmale und die zugehörigen Ausprägungen in Abbildung 6.1 zu einem typologischen Grundmuster zusammengestellt werden. Dieses typologische Grundmuster dient nachfolgend zur Darstellung der Anforderungsprofile. Die für das jeweilige Anforderungsprofil zutreffenden Merkmalsausprägungen werden in diesem Grundmuster hervorgehoben.

| Merkmale | Merkmalsausprägungen | | | |
|---|---|---|---|---|
| Erzeugnis-spektrum | Erzeugnisse nach Kundenspezifikation | Typisierte Erzeugnisse mit kundenspezifischen Varianten | Standard-erzeugnisse mit Varianten | Standard-erzeugnisse ohne Varianten |
| Erzeugnis-modularisierung | Erzeugnisse auf Maschinenebene modular | Erzeugnisse auf Gruppenebene modular | Modularisierung in Form einer Variantenlogik | |
| Konstruktions-ablaufstruktur | Zeichnungsorientierte Ablaufstruktur | Entwurfsorientierte Ablaufstruktur | Stücklistenorientierte Ablaufstruktur | |
| Erzeugnis-standardisierung | Begrenzung durch Fertigungs-möglichkeiten | Begrenzung der Teilevielfalt | Gewährleistung der Teilewiederver-wendung | |
| Änderungs-gründe | Modifikation der Spezifikationen durch den Kunden | Technische Mängel | Erzeugnis-optimierung | |

Abb. 6.1: Typologisches Grundmuster zur Abbildung der Anforderungsprofile

## 6.1 Anforderungsprofil A

Charakteristisch für Anforderungsprofil A (Abbildung 6.2) sind Erzeugnisse nach Kundenspezifikation. Erzeugnisse nach Kundenspezifikation weisen einen geringen Anteil an Standardkonstruktionen auf. Der überwiegende Anteil muß kundenspezifisch konstruiert werden. Hintergrund dieses Zusammenhangs stellt die Heterogenität der Kundenspezifikationen dar. Mit jedem Auftrag ist ein weitgehend neues Erzeugnis zu konstruieren. Aufgrund der Heterogenität der Kundenspezifikationen kann eine umfassendere Art der systematischen Erzeugnisstrukturierung in Form einer Modularisierung auf Erzeugnisebene nicht gerechtfertigt werden. Eine Modularisierung muß sich daher auf die Maschinenebene beschränken, so daß auf Erzeugnisebene Maschinen zu Anlagen kombiniert werden können.

Ein Rückgriff auf vorhandene Konstruktionsergebnisse ist nur eingeschränkt möglich. Somit weisen Erzeugnisse nach Kundenspezifikationen einen prototyphaften Charakter auf. Zur Kontrolle der Entwürfe müssen daher hier die detaillierten Teile zu Gruppen-Zeichnungen zusammengestellt werden. Entsprechend ist eine Stücklistenerstellung ausschließlich im Anschluß an die Anfertigung der Gruppen-Zeichnung möglich. Eine Stücklistenerstellung auf Basis des Entwurfs ist dementsprechend nicht praktikabel. Anforderungsprofil A weist daher eine zeichnungsorientierte Ablaufstruktur in der Konstruktion auf.

| Merkmale | Merkmalsausprägungen | | | |
|---|---|---|---|---|
| Erzeugnisspektrum | Erzeugnisse nach Kundenspezifikation | Typisierte Erzeugnisse mit kundenspezifischen Varianten | Standarderzeugnisse mit Varianten | Standarderzeugnisse ohne Varianten |
| Erzeugnismodularisierung | Erzeugnisse auf Maschinenebene modular | Erzeugnisse auf Gruppenebene modular | Modularisierung in Form einer Variantenlogik | |
| Konstruktionsablaufstruktur | Zeichnungsorientierte Ablaufstruktur | Entwurfsorientierte Ablaufstruktur | Stücklistenorientierte Ablaufstruktur | |
| Erzeugnisstandardisierung | Begrenzung durch Fertigungsmöglichkeiten | Begrenzung der Teilevielfalt | Gewährleistung der Teilewiederverwendung | |
| Änderungsgründe | Modifikation der Spezifikationen durch den Kunden | Technische Mängel | Erzeugnisoptimierung | |

Abb. 6.2: Darstellung des Anforderungsprofils A im typolgischen Grundmuster

Einhergehend mit den eingeschränkten Möglichkeiten des Rückgriffs auf Standardkonstruktionen und der dadurch bedingten Neuartigkeit jedes konstruierten Erzeugnisses ist ebenfalls die Möglichkeit des Rückgriffs auf wiederverwendbare Teile und Gruppen eingeschränkt. Die Standardisierung der Erzeugnisse und die Begrenzung der Teilevielfalt wird weitgehend durch die gegebenen Fertigungsmöglichkeiten bestimmt. Einer weitergehenden Begrenzung der Teilevielfalt stehen hier die heterogenen

Kundenspezifikationen entgegen.

Mit dem hohen Anteil kundenspezifischer Konstruktionen geht eine hohe Durchlaufzeit des Kundenauftrages einher. Da, bedingt durch die heterogenen Kundenspezifikationen, eine kundenanonyme Vorfertigung nicht möglich ist, entspricht die Durchlaufzeit der Lieferzeit. Darüber hinaus werden Erzeugnisse nach Kundenspezifikationen in der Regel im Hinblick auf ganz spezielle Einsatzmöglichkeiten in Auftrag gegeben. Aufgrund der langen Lieferzeit besteht erfahrungsgemäß eine relativ hohe Wahrscheinlichkeit, daß sich die zugrundegelegten Einsatzbedingungen nach Auftragseingang ändern und die Einsatzmöglichkeit des in Auftrag gegebenen Erzeugnisses in Frage gestellt sind. Kennzeichnend für Anforderungsprofil A sind daher Modifikationen der Auftragsspezifikationen durch den Kunden nach Auftragseingang.

Bedingt durch den prototyphaften Charakter von Erzeugnissen nach Kundenspezifikationen sind technische Mängel, die im Rahmen der Kundenauftragsabwicklung bis zur Erprobung des Erzeugnisses auftreten, unvermeidlich und kennzeichnen Anforderungsprofil A. Eine Erzeugnisoptimierung beschränkt sich bei Erzeugnissen nach Kundenspezifikation auf den kleinen Anteil der Standardkonstruktionen. Verbesserungsvorschläge werden aber nur bei Rückgriff auf die betreffenden Standardkonstruktionen im Rahmen der Kundenauftragsabwicklung aufgegriffen. Erst mit der Fertigung der geänderten Teile und Gruppen werden die Vorteile der Verbesserungen wirksam. Da die Fertigung ausschließlich im Rahmen der Kundenauftragsabwicklung erfolgt, ist ein Aufgreifen der Verbesserungsvorschläge erst mit dem Rückgriff auf die betreffenden Teile und Gruppen bei der Abwicklung eines Kundenauftrags sinnvoll. Explizite Regelungen für die Ausführung von Optimierungsänderungen müssen dementsprechend nicht getroffen werden. Die Erzeugnisoptimierung stellt daher für Profil A keine explizit zu berücksichtigende Anforderung an die Gestaltung der CAD/PPS-Kopplung dar.

## 6.2 Anforderungsprofil B

Typisierte Erzeugnisse mit kundenspezifischen Varianten kennzeichnen

Anforderungsprofil B (Abbildung 6.3). Kundenspezifische Konstruktionen wie Standardkonstruktionen prägen in gleichem Maße die Produktion von typisierten Erzeugnissen mit kundenspezifischen Varianten. Die Heterogenität der Kundenspezifikationen ist gegenüber Anforderungsprofil A deutlich reduziert. Gleichzeitig ist die Rückgriffshäufigkeit auf Standardkonstruktionen wesentlich höher, so daß eine systematische Erzeugnisstrukturierung durch eine Modularisierung auf Gruppenebene den Konstruktionsprozeß wirkungsvoll unterstützen kann. Allerdings weisen die Kundenspezifikationen noch nicht den Grad der Homogenität auf, der eine Erzeugnismodularisierung in Form einer Variantenlogik ermöglicht.

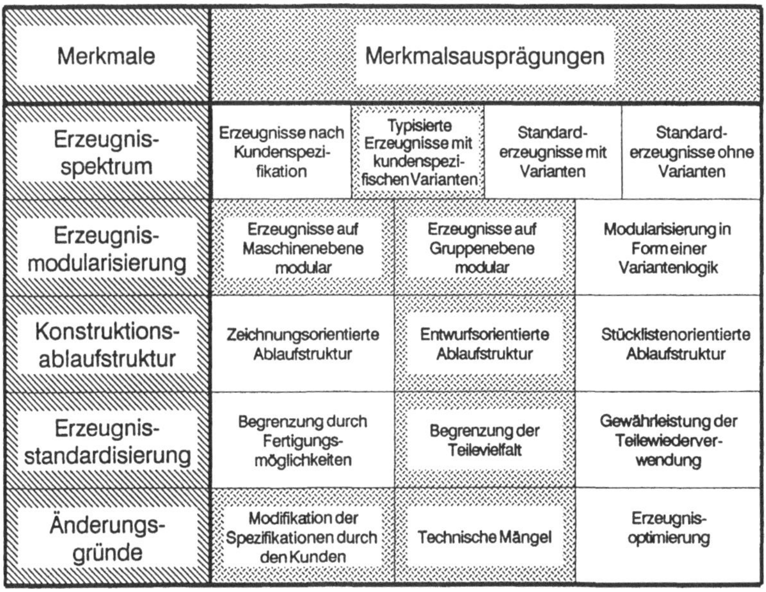

| Merkmale | Merkmalsausprägungen | | | |
|---|---|---|---|---|
| Erzeugnisspektrum | Erzeugnisse nach Kundenspezifikation | Typisierte Erzeugnisse mit kundenspezifischen Varianten | Standarderzeugnisse mit Varianten | Standarderzeugnisse ohne Varianten |
| Erzeugnismodularisierung | Erzeugnisse auf Maschinenebene modular | Erzeugnisse auf Gruppenebene modular | Modularisierung in Form einer Variantenlogik | |
| Konstruktionsablaufstruktur | Zeichnungsorientierte Ablaufstruktur | Entwurfsorientierte Ablaufstruktur | Stücklistenorientierte Ablaufstruktur | |
| Erzeugnisstandardisierung | Begrenzung durch Fertigungsmöglichkeiten | Begrenzung der Teilevielfalt | Gewährleistung der Teilewiederverwendung | |
| Änderungsgründe | Modifikation der Spezifikationen durch den Kunden | Technische Mängel | Erzeugnisoptimierung | |

Abb. 6.3: Darstellung des Anforderungsprofils B im typologischen Grundmuster

Aufgrund der deutlich reduzierten Heterogenität der Kundenspezifikationen kann bei kundenspezifischen Konstruktionen in größerem Umfang auf Konstruktionsergebnisse aus bereits abgewickelten Aufträgen zurückgegriffen werden. Dabei steht mehr die Anpassung als die Wiederverwendung im Vordergrund. Durch Rückgriff auf Zeichnungen zu Gruppen, deren Funktions- und Leistungsumfang sehr ähnlich zu denen des aktuellen Kundenauftrags sind, kann die jeweilige Gruppe bereits auf Basis des Entwurfs sehr konkret beschrieben werden. Damit besteht die Möglichkeit, Stücklisten auf Basis des Entwurfs und den zugehörigen, detaillierten Teilen zu erstellen. Stücklisten und Teile-Zeichnungen können bereits in die Teilefertigung eingesteuert werden, während parallel dazu die Gruppen-Zeichnungen für die Montage angefertigt werden. Die Ablaufstruktur in der Konstruktion orientiert sich bei Anforderungsprofil B überwiegend am Entwurf. Eine stücklistenorientierte Ablaufstruktur läßt sich hier nicht realisieren, da dies eine Erzeugnismodularisierung in Form einer Variantenlogik bedingt.

Einhergehend mit der reduzierten Heterogenität der Kundenspezifikationen sind auch die Voraussetzungen für eine wirkungsvolle Begrenzung der Teilevielfalt gegeben. Für eine Gewährleistung der Teilewiederverwendung sind jedoch die Einflußmöglichkeiten auf das Teilespektrum zu gering. Zudem würden sich Restriktionen bei der Teilestammanlage oder spezielle Kontrollen negativ auf die Durchlaufzeiten der Aufträge und die Flexibilität gegenüber den Kundenwünschen auswirken.

Auch bei typisierten Erzeugnissen mit kundenspezifischen Varianten beanspruchen die kundenspezifischen Konstruktionen erhebliche Zeit und führen zu langen Lieferzeiten. Es muß auch bei typisierten Erzeugnissen mit kundenspezifischen Varianten von einer relativ hohen Wahrscheinlichkeit ausgegangen werden, daß sich die den Auftragsspsezifikationen zugrundeliegenden Einsatzbedingungen beim Kunden nach Auftragseingang ändern und die Einsatzmöglichkeiten des in Auftrag gegebenen Erzeugnisses in Frage gestellt werden. Auch für Anforderungsprofil B sind Modifikationen der Auftragspezifikationen durch den Kunden nach Auftragseingang charakteristisch.

Ebenso kennzeichnen Korrekturen von technischen Mängeln die Auftragsabwicklung bei typisierten Erzeugnissen mit kundenspezifischen Varianten, da bei kundenspezifischen Konstruktionen technische Mängel grundsätzlich nicht zu vermeiden sind. Dagegen spielen Erzeugnisoptimierungen keine Rolle. Die Vorteile einer unabhängig von der Kundenauftragsabwicklung vorgenommenen Verbesserung kann nur bei kundenanonymer Vorfertigung genutzt werden. Die kundenanonyme Vorfertigung ist jedoch bei typisierten Erzeugnissen mit kundenspezifischen Varianten in der Regel nicht sinnvoll, da die Häufigkeit des Rückgriffs auf gleiche Gruppen und Teile gering und unstetig ist. Daher werden Verbesserungen an Standardkonstruktionen ausschließlich im Rahmen der Kundenauftragsabwicklung vorgenommen.

## 6.3 Anforderungsprofil C

Im Mittelpunkt von Anforderungsprofil C (Abbildung 6.4) stehen Standarderzeugnisse mit Varianten. Der Anteil kundenspezifscher Konstruktionen ist hier gering. Die Kundenspezifikationen weisen eine geringe Heterogenität auf, so daß die Erzeugnisse in Form einer Variantenlogik modularisiert werden können. Die Konstruktionsablaufstruktur im Rahmen der Kundenauftragsabwicklung orientiert sich überwiegend an Stücklisten, da auf Basis der Variantenlogik Variantenprogramme entwickelt werden können, die eine direkte Umsetzung der Kundenspezifikationen in auftragsspezifische Stücklisten erlauben.

Die Erzeugnisstandardisierung zielt bei Anforderungsprofil C auf die Gewährleistung der Teilewiederverwendung. Dazu sind hier aufgrund der geringen Heterogenität der Kundenspezifikationen die Voraussetzungen gegeben. Zudem besteht aufgrund der für Standarderzeugnisse mit Varianten charakteristischen kundenanonymen Vorfertigung die Notwendigkeit der Wiederverwendung von Teilen aus Standardkonstruktionen. Aus der parallelen Fertigung von kundenanonymen und kundenspezifischen Teilen resultiert eine inhomogene Abwicklung von Fertigungsaufträgen, da neben programm- auch bedarfsgesteuerte Fertigungsaufträge abgewickelt werden müssen. Da mit zunehmender Inhomogenität die Effizienz der Fertigung abnimmt, ist der Anteil an kundenspezifischen Teilen so gering wie möglich zu halten. Dies kann durch eine von der Konstruktion eigenverantwortlich sichergestellte Begrenzung der Teilevielfalt nicht erreicht werden. Vielmehr ist die Teilewiederverwendung durch explizite Kontrollen oder Restriktionen bei der Teilestammanlage zu gewährleisten.

| Merkmale | Merkmalsausprägungen | | | |
|---|---|---|---|---|
| Erzeugnis-spektrum | Erzeugnisse nach Kundenspezi-fikation | Typisierte Erzeugnisse mit kundenspezi-fischen Varianten | Standard-erzeugnisse mit Varianten | Standard-erzeugnisse ohne Varianten |
| Erzeugnis-modualisierung | Erzeugnisse auf Maschinenebene modular | Erzeugnisse auf Gruppenebene modular | Modularisierung in Form einer Variantenlogik | |
| Konstruktions-ablaufstruktur | Zeichnungsorientierte Ablaufstruktur | Entwurfsorientierte Ablaufstruktur | Stücklistenorientierte Ablaufstruktur | |
| Erzeugnis-standardisierung | Begrenzung durch Fertigungs-möglichkeiten | Begrenzung der Teilevielfalt | Gewährleistung der Teilewiederver-wendung | |
| Änderungs-gründe | Modifikation der Spezifikationen durch den Kunden | Technische Mängel | Erzeugnis-optimierung | |

Abb. 6.4: Darstellung des Anforderungsprofils C im typologischen Grundmuster

Modifikationen der Auftragsspezifikationen durch den Kunden nach Auftragseingang spielen bei Standarderzeugnissen mit Varianten keine Rolle. Durch den hohen Anteil Standardkonstrukionen und insbesondere die kundenanonyme Vorfertigung ist die Lieferzeit gegenüber typisierten Erzeugnissen mit kundenspezifischen Varianten wesentlich kürzer. Damit haben derartige Änderungen bei Anforderungsprofil C keine Relevanz. Technische Mängel lassen sich auch hier in den kundenspezifischen Konstruktionen nicht vermeiden und müssen daher im Rahmen der Kundenauftragsabwicklung korrigiert werden. Vor dem Hintergrund der kundenanonymen Vorfertigung können die Vorteile einer unabhängig von Kundenauftragsabwicklung durchgeführten Verbesserungsänderung bei Standarderzeugnissen mit Varianten genutzt werden. Erzeugnisoptimierungen sind daher für Anforderungsprofil C prägend.

## 6.4 Anforderungsprofil D

Kennzeichnend für Anforderungsprofil D (Abbildung 6.5) sind Standarderzeugnisse ohne Varianten. Bei Standarderzeugnissen ohne Varianten hat die technische Auftragsabwicklung und damit die Konstruktion keinen Bezug zur Kundenauftragsabwicklung. Im Mittelpunkt der Konstruktion steht die kundenanonyme Neu- und Weiterentwicklung von Erzeugnissen. Die Notwendigkeit der Modularisierung der Erzeugnisse auf Basis einer Variantenlogik, die dazu dient, unterschiedliche Kundenspezifikationen mit minimalem Aufwand in der Konstruktion zu befriedigen, besteht bei Standarderzeugnissen ohne Varianten aufgrund des fehlenden Kundenauftragsbezuges nicht. Um eine weitergehende Verwendung von gleichen Gruppen und Teilen in verschiedenen Erzeugnissen zu erreichen, ist eine Modularisierung auf Gruppenebene erforderlich.

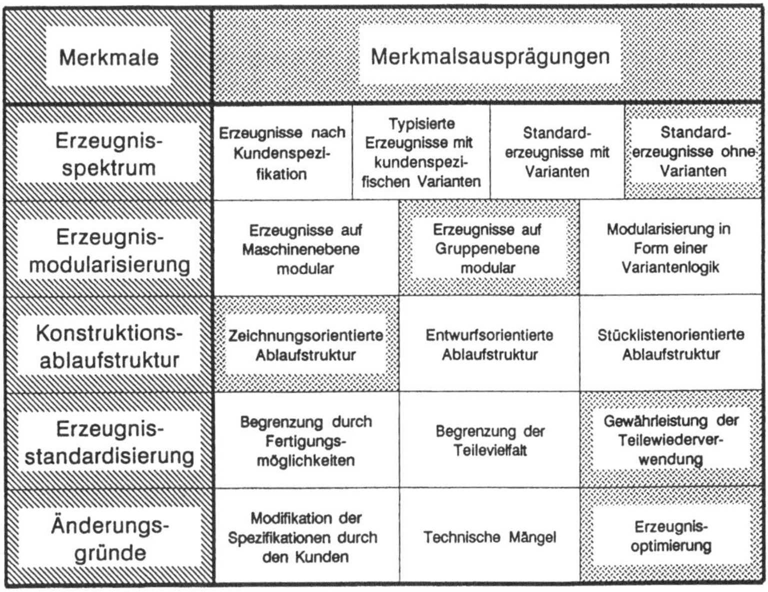

| Merkmale | Merkmalsausprägungen | | | |
|---|---|---|---|---|
| Erzeugnisspektrum | Erzeugnisse nach Kundenspezifikation | Typisierte Erzeugnisse mit kundenspezifischen Varianten | Standarderzeugnisse mit Varianten | Standarderzeugnisse ohne Varianten |

| Merkmale | Merkmalsausprägungen | | |
|---|---|---|---|
| Erzeugnismodularisierung | Erzeugnisse auf Maschinenebene modular | Erzeugnisse auf Gruppenebene modular | Modularisierung in Form einer Variantenlogik |
| Konstruktionsablaufstruktur | Zeichnungsorientierte Ablaufstruktur | Entwurfsorientierte Ablaufstruktur | Stücklistenorientierte Ablaufstruktur |
| Erzeugnisstandardisierung | Begrenzung durch Fertigungsmöglichkeiten | Begrenzung der Teilevielfalt | Gewährleistung der Teilewiederverwendung |
| Änderungsgründe | Modifikation der Spezifikationen durch den Kunden | Technische Mängel | Erzeugnisoptimierung |

Abb. 6.5: Darstellung des Anforderungsprofils D im typologischen Grundmuster

Abhängig von den Rückgriffsmöglichkeiten auf vorhandene Gruppen ist für die Neu- und Weiterentwicklung von Standarderzeugnissen ohne Varianten der prototyphafte Charakter der in Entwicklung befindlichen Erzeugnisse kennzeichnend. Aufgrund dessen kann eine Stückliste in der Regel nur auf Basis einer Gruppen-Zeichnung erstellt werden. Eine Stücklistenerstellung auf der Grundlage des Entwurfs ist dementsprechend nicht möglich. Die zeichnungsorientierte Konstruktionsablaufstruktur charakterisiert daher Anforderungsprofil D. Die Erzeugnisstandardisierung muß bei Standarderzeugnissen ohne Varianten auf die Gewährleistung der Teilewiederverwendung zielen, da mit der Wiederverwendung von Teilen die Stückzahlen und damit die Kosten in der Fertigung positiv beeinflußt werden. Gleichzeitig wird der Planungs- und Verwaltungsaufwand für ein neues Teil eingespart.

Aufgrund der Trennung von Erzeugnisentwicklung und Kundenauftragsabwicklung resultieren aus Modifikationen der Auftragsspezifikationen durch den Kunden keine Änderungen an Erzeugnissen. Technische Mängel werden im Rahmen der kundenanonymen Erzeugnisentwicklung korrigiert und erfordern keine speziellen Regelungen. Damit stellen technische Mängel bei Profil D keine explizit zu berücksichtigende Anforderung an die Gestaltung der CAD/PPS-Kopplung dar. Dagegen sind ständige Verbesserungen an den Erzeugnissen für Standarderzeugnisse ohne Varianten charakteristisch. Bedingt durch die kundenanonyme Fertigung können Verbesserungen an Teilen und Gruppen stetig in die Fertigung einfließen. Dementsprechend ist die Erzeugnisoptimierung als Änderungsgrund bei Anforderungsprofil D zu berücksichtigen.

# 7. Entwicklung von Vorschlägen zur technisch-organisatorischen Gestaltung der CAD/PPS-Kopplung

## 7.1 Gestaltungsvorschläge für Anforderungsprofil A

### 7.1.1 Stücklistenerstellung

Teilestammsatzanlage

Die Stücklistenerstellung erfolgt bei Anforderungsprofil A auf Basis der Gruppen-Zeichnung. Ausgangspunkt ist die Anlage der Teilestammsätze zu neuen Teilen. Neben dem Begriff Teilestammsatz wird nachfolgend der Begriff technischer Teilestammsatz verwendet. Der technische Teilestammsatz umfaßt die Daten des Teilestammsatzes, die von der Konstruktion festgelegt werden und stellt damit eine Untermenge des Teilestammsatzes dar. Zu den von der Konstruktion festzulegenden Teilestammdaten gehören beispielsweise Benennung, Werkstoff oder Gewicht. In detaillierter Form sind die von der Konstruktion festzulegenden Teilestammdaten in VDMA (1988, S. 19) definiert.

Für Fertigungsteile sollte der technische Teilestammsatz im Rahmen der Teile-Zeichnungserstellung angelegt werden. Voraussetzung für eine effiziente Auftragsabwicklung ist die Zusammenfassung von ähnlichen Arbeitsvorgängen zu einem geschlossenen Ablauf. Die Anlage der technischen Teilestammsätze sollte daher zusammen mit der Erfassung der Zeichnungsschriftfelddaten erfolgen, da in beiden Fällen teilebeschreibende alphanumerische Daten zu erfassen sind. Um das Ziel einer CAD/PPS-Kopplung, die einmalige Erfassung mehrfach verwendeter Daten, zu erreichen, ist die EDV-technische Erfassung der Daten so zu gestalten, daß redundante Daten, wie beispielsweise die Benennung eines Teils, nur einmal eingegeben werden müssen. Grundsätzlich sollte die Erfassung von technischem Teilestammsatz und Schriftfelddaten am CAD-Arbeitsplatz erfolgen. Dadurch wird sowohl eine Arbeitsunterbrechung durch einen Arbeitsplatzwechsel vermieden als auch die Möglichkeit der Übernahme von Daten aus den Geometriedaten der Zeichnung, wie beispielsweise Hauptabmessungen, in den technischen Teilestammsatz geschaffen.

Eng verbunden mit der Erfassung von technischem Teilestammsatz und Zeichnungsschriftfelddaten ist die Gestaltung der Verwaltung dieser Daten. Unterschieden werden müssen hier gemäß Abbildung 7.1 zwei Datenhaltungskonzepte, denen, wie in Kapitel 3 dargelegt, unterschiedliche EDV-technische Möglichkeiten zugrunde liegen und demnach verschiedenen Integrationsstufen nach FÖRSTER (1985, S. 59) zuzuordnen sind. Beim ersten Konzept werden technischer Teilestammsatz und Zeichnungsschriftfelddaten zusammen mit den Geometriedaten der Zeichnung in CAD verwaltet. Redundant dazu erfolgt in PPS die Verwaltung der technischen Teilestammdaten als Bestandteil des Teilestammsatzes. Das zweite Konzept wird durch die ausschließliche Verwaltung der technischen Teilestamm- und Schriftfelddaten in PPS gekennzeichnet. Bei Aufruf einer Zeichnung werden die Zeichnungsschriftfelddaten von PPS nach CAD übertragen und dort mit den Geometriedaten zur Zeichnung assembliert. Diese redundanzfreie Datenverwaltung ermöglicht eine komfortable Anlage der technischen Teilestammsätze. Eine explizite Übertragung durch die CAD-Benutzer von CAD nach PPS erübrigt sich. Die technischen Teilestammsätze stehen mit der Anlage sofort in PPS für die Stücklistenerstellung zur Verfügung. Darüber hinaus wird die Gewährleistung der Datenkonsistenz vereinfacht.

Allerdings ist der Entwicklungsaufwand gegenüber Kopplungslösungen mit einer redundanten Datenverwaltung ungleich höher. Kopplungslösungen, denen das Konzept der redundanzfreien Datenverwaltung zugrunde liegt, befinden sich derzeit noch in der Entwicklung (vgl. ABRAMOVICI 1989, S. 60). Ein weiterer Unterschied zur redundanten Datenverwaltung ist die höhere Komplexität der gesamten EDV-Lösung. Bei Ausfall des PPS-Systems oder der Kopplung kann von CAD nicht mehr auf die in PPS verwalteten Daten zurückgegriffen werden. Die redundanzfreie Datenverwaltung beinhaltet lediglich die teilebeschreibenden alphanumerischen Daten, wie technischer Teilestammsatz und Schriftfelddaten, nicht aber die Strukturdaten. Damit sind die Vorteile bei der Konsistenzsicherung auf die Teilestammdaten beschränkt, die nicht von der Konstruktion gepflegt, aber von ihr verarbeitet werden. Als Beispiel sind hier die Teilestammdaten von Zukaufteilen zu nennen, die die Konstruktion zur Stücklistenerstellung benötigt, aber vom Einkauf gepflegt werden.

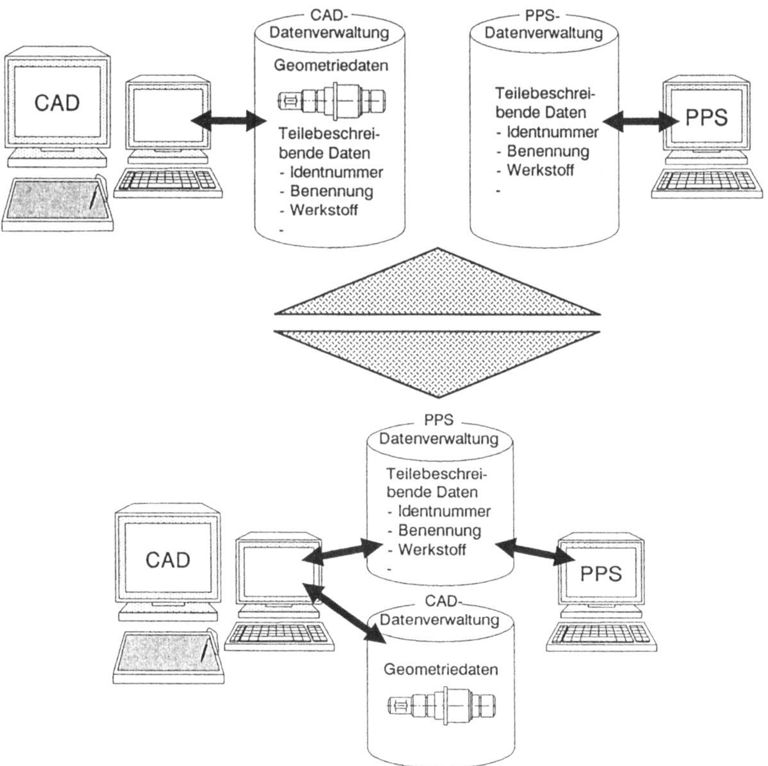


Abb. 7.1: Gegenüberstellung alternativer Datenhaltungskonzepte

Ein wesentlicher Vorteil der redundanzfreien Verwaltung von technischem Teilestammsatz und Zeichnungsschriftfelddaten liegt damit im Komfort der Handhabung dieser Datensätze. Zudem zeichnet sich dieses Datenhaltungskonzept durch die unmittelbar im Anschluß an die Zeichnungserstellung in PPS verfügbaren technischen Teilestammsätze aus. Letztgenannter Vorteil hat für Anforderungsprofil A eine geringe Bedeutung. Aufgrund der erläuterten Nachteile der redundanzfreien Verwaltung von technischen Teilestammsätzen und Zeichnungsschriftfelddaten ist für Anforderungsprofil A die redundante Datenverwaltung geeigneter, obwohl dieses Konzept einen geringeren Komfort aufweist.

Die redundante Verwaltung von technischen Teilestammsätzen in CAD erfordert entsprechende Funktionsredundanzen zu PPS. Neben den grundsätzlichen Möglichkeiten der Anlage, Pflege und Verwaltung dieser Daten müssen insbesondere Kontrollroutinen zur Unterstützung der Datenerfassung sowie die Funktion der Identnummernvergabe vorgesehen werden.

Diese Kontrollroutinen haben die Aufgabe, fehlerhafte oder unvollständige Eingaben durch Plausibilitäts- und Konsistenzprüfungen zu verhindern. Derartige Kontrollroutinen müssen darüber hinaus Bestandteil der Übertragung der technischen Teilestammsätze von CAD nach PPS sein und sind vor dem Einlesen der Daten in PPS zum Schutz vor Folgefehlern anzustoßen. Eine ausschließliche Kontrolle zu diesem Zeitpunkt, d.h. der Verzicht auf derartige Kontrollen bei der Erfassung, widerspricht der Forderung "zur Selbstqualifikation des Handelnden" (HEEG 1988, S. 48). Fehler müssen am Entstehungsort erkannt werden, damit der Verursacher unmittelbar die Möglichkeit der Korrektur hat und sich nicht nachgelagerte Stellen hiermit oder mit der Rückweisung an den Verursacher beschäftigen müssen.

Grundlage der Identnummernvergabe in CAD sollte die PPS-Identnummer sein. Eine einheitliche Nummernvergabe in CAD und PPS für Zeichnung und Teilestammsatz muß gefordert werden, um die Transparenz der Auftragsabwicklung und insbesondere des Änderungswesens zu erhöhen. Aufgrund der Breite und Durchgängigkeit der PPS wird das PPS-Nummernsystem bereits unternehmensweit verwendet und sollte daher auch in CAD genutzt werden. Hieraus ergibt sich die Konsequenz der PPS-Identnummernvergabe in CAD. Dabei ist zu fordern, daß die Nummernvergabe, soweit es sich um Zählnummern handelt, vom System vorgenommen wird. Bei der manuellen Eingabe können Übertragungsfehler nicht ausgeschlossen werden. Die manuelle Eingabe ist daher zu vermeiden. Vielmehr muß zyklisch ein Vorrat an PPS-Identnummern von PPS nach CAD übertragen und die Nummern aus diesem Pool vergeben werden.

Bei Anforderungsprofil A kann nur sehr eingeschränkt auf Standardkonstruktionen zurückgegriffen werden. Häufig sind Anpassungskonstruktionen vorzunehmen. Hieraus ergibt sich die Forderung, daß in CAD mit der Geometrie auch die technischen Teilestammsätze der Teile und Gruppen zu kopieren und modifizieren sind. Bei dieser Kopie darf die Identnummer des Ausgangsteils nicht als Identnummer des angepaßten Teils übernommen werden. Um den Aufwand in den nachgelagerten Bereichen zu reduzieren, sollten diese die Möglichkeit des direkten Zugriffs auf Dokumente und Datensätze des Ausgangsteils bzw. -gruppe haben. So sollte die Arbeitsplanung beispielsweise die Möglichkeit des direkten Zugriffs auf Arbeitsplan oder NC-Programm des Ausgangsteils haben. Um dieser Forderung gerecht zu werden, ist die Identnummer des Ausgangsteils bzw. -gruppe in ein entsprechendes Feld des technischen Teilestammsatzes mit der Kopie von Zeichnung und technischem Teilestammsatz zu übernehmen. Eine weitere, wesentliche Forderung im Zusammenhang der Anlage und Verwaltung der technischen Teilestammsätze in CAD stellt das Setzen eines Statuskennzeichens und die logische Verbindung zwischen Zeichnung und technischem Teilestammsatz dar.

Die Anlage eines technischen Teilestammsatzes in der Konstruktion darf nicht gleichbedeutend mit der Bereitstellung dieses Datensatzes für die konstruktionsinterne Kontrolle oder gar für die Übertragung nach PPS sein. Vielmehr muß dem Charakter der Konstruktion entsprochen und die angelegten technischen Teilestammsätze als vorläufig gekennzeichnet werden. Nur der Konstruktionsmitarbeiter, der diese angelegt hat, darf die Möglichkeit des Zugriffs zum Zweck der Änderung oder Wiederverwendung haben. Dazu ist ein Statuskennzeichen einzurichten, das den Bearbeitungsfortschritt bei der Erstellung von technischen Teilestammsätzen und Stücklisten kennzeichnet. Abhängig vom Bearbeitungsfortschritt und damit dem Zustand des Statuskennzeichens sind die Zugriffs- und Manipulationskompetenzen zu reglementieren. Dieses Statuskennzeichnen wird nachfolgend Stücklistenerstellungs-Statuskennzeichen genannt und mit dem mnemotechnischen Ausdruck SES belegt. Mit der Anlage eines technischen Teilestammsatzes muß selbsttätig dieses Statuskennzeichen (SES) auf den Zustand 1 gesetzt werden, der nur dem Ersteller dieses Datensatzes den Zugriff zum Zweck der Änderung oder Wiederverwendung ermöglicht.

Für die Anlage der technischen Teilestammsätze aber auch für die Änderungen, sei es während des Konstruktionsprozesses oder nach Abschluß der Konstruktion, wie nachfolgend in Kapitel 7.1.3 beschrieben, ist der logische Zusammenhang zwischen der Zeichnung und dem technischen Teilestammsatz von großer Bedeutung. Gefordert werden muß hier, daß eine Änderung des technischen Teilestammsatzes nur auf Basis der zugehörigen Zeichnung möglich ist, um nicht nur eine datentechnische, sondern insbesondere eine logische Übereinstimmung von Zeichnung mit technischem Teilestammsatz zu gewährleisten.

Voraussetzung für die Erstellung von Gruppen-Zeichnungen und Stücklisten ist neben der Erstellung der Zeichnungen und der Anlage der technischen Teilestammsätze zu neuen Fertigungsteilen auch die Anlage der Teilestammsätze zu neuen Zukaufteilen. Die Kompetenz der Anlage von Teilestammsätzen zu neuen Zukaufteilen sollte beim Einklauf liegen. Zur Anlage der Teilestammsätze muß die Konstruktion Kontakt mit dem Einkauf aufnehmen. Hierzu sollte die Möglichkeit des Austauschs von Nachrichten vom CAD-Arbeitsplatz zum PPS-Arbeitsplatz und umgekehrt bestehen. Der Einkauf legt den Teilestammsatz in PPS an und überträgt die konstruktionsrelevanten Daten nach CAD. Soweit bei der Stücklistenerstellung auf Basis einer Gruppen-Zeichnung nur Teile verwendet werden können, die zeichnerisch dargestellt sind, müssen im Anschluß an das Einlesen der konstruktionsrelevanten Teilestammdaten in CAD die zugehörigen Geometriedaten angelegt werden.

Stücklistenerstellung

Die Stücklistenerstellung selbst erfolgt bei Anforderungsprofil A vorwiegend auf Basis von Gruppen-Zeichnungen. Da Gruppen-Zeichnungen bereits wesentliche Daten der Stücklisten enthalten, ist, entsprechend der Zielsetzung der einmaligen Datenerfassung, auf diese Daten bei der Stücklistenerstellung zurückzugreifen. Gruppen-Zeichnungen beinhalten zu einer Gruppe zusammengefaßte Teile oder Gruppen niedrigerer Ordnung. Bei der Erstellung der Gruppen-Zeichnung wird demnach der prinzipielle Aufbau der Stückliste festgelegt. Darüber hinaus enthält die Gruppen-Zeichnung im Schriftfeld Daten für den Stücklistenkopf bzw. Teilestammsatz der Gruppe sowie die Positionsnummern, die als verbindendes Element zwischen Gruppen-Zeichnung und Stückliste Bestandteil beider Dokumente sind. Wie schon bei der Anlage der technischen Teilestammsätze aufgezeigt, ist die Erstellung von Gruppen-Zeichnung und zugehöriger Stückliste ohne Arbeitsteilung von einer Person vorzunehmen. Die Erstellung von Gruppen-Zeichnung und zugehöriger Stückliste stellen zusammenhängende Tätigkeiten dar, die in einem geschlossenen Arbeitsablauf erledigt werden sollten.

Voraussetzung für eine effiziente und gegen Fehler abgesicherte Stücklistenerstellung auf Basis einer Gruppen-Zeichnung ist das sogenannte Partskonzept (Teilekonzept) in CAD (LINKE 1987). "Für die definierten Geometrieteile (Gruppen, Parts) werden Namen, Nummern oder Kurzbezeichnungen vergeben. Dies geschieht bereits beim Anlegen der Geometrie. An die so definierten Geometrieelemente werden Positionsnummern angehängt, die die Stücklistenpositionen kennzeichnen. Somit ist eine Verbindung von Geometrie zur Stücklistenposition möglich. Der Konstrukteur kann die jeweiligen Elemente vollständig und eindeutig identifizieren, beispielsweise durch Eingabe einer Ident-Nr. oder in Fällen, in denen keine Ident-Nr. bekannt ist, durch die Verwendung einer Kurzbezeichnung" (LINKE a.a.O., S. 635).

Wesentlich für das Partskonzept ist das Zusammenfassen von Geometrieelementen zu einem Part. Ein Part kann ein Einzelteil oder eine Gruppe sein. Dieses Konzept erfordert vom CAD-Benutzer eine geänderte Arbeitsweise und durch das zusätzliche Zusammenfassen von Geometrieelementen zu einem Part einen gewissen Mehraufwand. Gegenüber den herkömmlichen Arbeiten mit Geometrieelementen wie Geraden, Kreisbögen etc. hat das Partskonzept den Vorteil, daß Einzelteile und Gruppen, die zu einem Part zusammengefaßt wurden, beim Auslesen der Zeichnung durch das CAD-System auch als solche interpretiert werden können. Der geringfügige Mehraufwand bei der Definition der Parts ist eine notwendige Voraussetzung, um bei der Stücklistenerstellung einen erheblichen Aufwand einzusparen und zudem Fehler in der Zuordnung von teilebeschreibenden alphanumerischen Daten zu Geometrieelementen zu vermeiden. Hier muß allerdings angemerkt werden, daß eine vollständige Datenkonsistenz zwischen Gruppen-Zeichnung und Stückliste nur durch eine Beschreibung der Gruppe in CAD als Volumenmodell erreicht werden kann (KOCH 1989, S. 34).

Kennzeichnend für die Stücklistenerstellung auf Basis von Gruppen-Zeichnungen ist der zunächst triviale Zusammenhang, daß nur im Rahmen der Zeichnungserstellung erfaßte und damit als Bestandteil des der Zeichnung zugrunde liegenden CAD-Modells definierte Teile und Gruppen auch Bestandteil der Stückliste sein können. Da aber in betrieblicher Praxis längst nicht jedes Teil gezeichnet wird, muß die Möglichkeit der Ergänzung des CAD-Modells um nicht dargestellte Teile und Gruppen bestehen. Hintergrund dieser Forderung ist die viel geübte Praxis der Verwendung von Gruppen-Zeichnungen zu Anpassungskonstruktionen sowie die Notwendigkeit des Rückgriffs auf Gruppen-Zeichnungen im Rahmen des Änderungswesens. Teile und Gruppen, die nicht Bestandteil des CAD-Modells sind und in der Stückliste nachgetragen wurden, müssen bei jeder Anpassung oder Änderung erneut hinzugefügt werden. Dies verursacht nicht nur Mehraufwand, sondern stellt vor allem eine Fehlerquelle dar. Um eine Berücksichtigung der an sich nicht gezeichneten Teile und Gruppen bei Anpassungen und Änderungen zu gewährleisten, ist die Darstellung dieser Teile und Gruppen als Symbole am Bildschirm, aber nicht zwangsläufig in der Zeichnung, anzustreben. Mindestens jedoch müssen die zeichnerisch nicht dargestellten Teile logisch dem der Gruppen-Zeichnung zugrundeliegenden CAD-Modell zugeordnet werden.

Weitere Voraussetzungen für die Stücklistenerstellung auf Basis der Gruppen-Zeichnung sind die Vergabe der Positionsnummern, wie bereits in der Vorstellung des Partskonzept erläutert, und die Definition der Menge. Zur Sicherung der Zuordnung von Positionsnummern zu allen Teilen der Gruppe muß eine entsprechende EDV-Unterstützung in CAD vorhanden sein. Eine unvollständige Positionsnummernvergabe muß vom System angemahnt werden. Zudem darf die Stücklistenerstellung erst bei vollständiger Positionsnummernvergabe möglich sein. Die Mengenermittlung kann bei einem 2 D-CAD-System nur unvollständig sein, da nicht alle Teile, beispielsweise bei einem Lochkreis alle Schrauben, in der Zeichnung dargestellt werden. Hier muß der CAD-Benutzer die Mengen definieren können. Vom System kann nur die Anzahl der dargestellten Teile selbsttätig ermittelt werden. Sinnvoll ist hier die Definition der Menge im CAD-Modell, um bei Anpassungen und Änderungen diese nicht erneut ermitteln und erfassen zu müssen.

Nach Abschluß der Positionsnummernvergabe und Mengendefinition muß die Struktur der Gruppe definiert werden. In der Praxis enthalten Gruppen-Zeichnungen neben Teilen auch Gruppen niedrigerer Ordnung, ohne daß für diese Gruppen separate Gruppen-Zeichnungen angelegt werden. Hieraus resultiert die Forderung, auf Basis von Gruppen-Zeichnungen auch Strukturstücklisten erstellen zu können. Dazu müssen die betroffenen Teile zu einer Gruppe niedriger Ordnung zusammengefaßt werden. Für die gebildete Gruppe ist ein technischer Teilestammsatz anzulegen. Hier muß allerdings angemerkt werden, daß diese Möglichkeit bei den derzeit am Markt angebotenen Kopplungslösungen häufig nicht gegeben ist, wie eine Erhebung des Marktangebotes ergab (BRAUN 1989, S. 98). Können in CAD auf Basis von Gruppen-Zeichnungen keine Strukturstücklisten, sondern nur Baukastenstücklisten angelegt werden, müßten für jede Gruppe separate Gruppen-Zeichnungen und Stücklisten angefertigt werden, die dann zu einer Gruppen-Zeichnung der nächst höheren Ordnung zusammenzufassen wären. Dieser Weg der Erzeugnisstrukturabbildung in den Gruppen-Zeichnungen ist jedoch mit einem erheblichen zusätzlichen Zeichnungsaufwand verbunden. Daher muß für die Stücklistenerstellung in CAD die Generierung von Strukturstücklisten gefordert werden. Schließlich sind im Zusammenhang mit der Erfassung der Schriftfelddaten der Gruppen-Zeichnung der technische Teilestammsatz der Gruppe und der Stücklistenkopf anzulegen. Damit sind die Voraussetzungen für das Auslesen der Stückliste aus der Gruppen-Zeichnung bzw. dem der Gruppen-Zeichnung zugrunde liegenden CAD-Modell geschaffen. Die Strukturdaten müssen dann aus dem CAD-Modell ausgelesen und die erforderlichen Daten der technischen Teilestammsätze wie Benennung, Werkstoff etc. den einzelnen Stücklistenpositionen zugeordnet werden können. Den Abschluß der Strukturdefinition bildet die Zuordnung der Gruppe zu der entsprechenden Auftragsposition. Hierzu sind die zugehörigen Daten im Anschluß an die Stücklistenerstellung aus PPS nach CAD zu übertragen. Eine Alternative hierzu wäre die Übertragung der Auftragsdaten zu Beginn des Konstruktionsprozesses von PPS nach CAD. Alle für die jeweilige Auftragsposition relevanten Zeichnungen, technischen Teilestammsätze und Stücklisten können dann mit Bezug auf die jeweilige Auftragspositionen erstellt und verwaltet werden. Insbesondere für das Änderungswesen ist dies von Vorteil (vgl. Kapitel 7.1.3).

Die auf diese Art erstellte Stückliste muß gegen Änderungen gesperrt sein. Änderungen dürfen nur von autorisierten Personen in den Gruppen-Zeichnungen vorgenommen werden. Anderenfalls sind die korrespondierenden Gruppen-Zeichnungen und Stücklisten nicht mehr konsistent. Zudem muß die Ausführung zeichnungsrelevanter Stücklistenänderungen in den Zeichnungen gewährleistet werden.

Für die Anlage von technischen Teilestammsätzen wurde die Forderung formuliert, den Zugriff auf neuangelegte technische Teilestammsätze zum Zweck der Änderung oder Wiederverwendung nur dem Konstruktionsmitarbeiter zu gewähren, der diese angelegt hat. Diese Forderung muß gleichermaßen für die Stückliste gelten. Entsprechend ist auch der Stückliste das Stücklistenerstellungs-Statuskennzeichen (SES) zuzuordnen und mit der Erstellung der Stückliste auf den Zustand 1 zu setzen, der nur dem Ersteller den Zugriff zum Zweck der Änderung oder Wiederverwendung ermöglicht.

Sind Gruppen-Zeichnung und Stückliste erstellt, müssen diese für die konstruktionsinterne Kontrolle bereitgestellt werden. Die Freigabe für die konstruktionsinterne Kontrolle ist ebenfalls mit Hilfe des Stücklistenerstellungs-Statuskennzeichens (SES) zu quittieren. Dazu wird SES auf den Zustand 2 umgesetzt. Mit dem Umsetzen dieses Statuskennzeichens (SES) auf den Zustand 2 muß eine Verriegelung gegen jegliche Änderungen verbunden sein, damit verhindert wird, daß parallel zur Kontrolle Änderungen vorgenommen werden. Aufgrund der Komplexität der konstruierten Gruppen im Maschinen- und Anlagenbau ist eine Kontrolle nur auf Basis von Papierdokumenten sinnvoll. Hilfreich könnten hier zukünftig sicherlich Großbildschirme sein. Eine EDV-gestützte Weiterleitung von Zeichnungen und Stücklisten ist angesichts der derzeitigen Preise für Großbildschirme zur Zeit nicht anzustreben. Die EDV-technische Verwaltung und die Steuerung der Weiterleitung von Gruppen-Zeichnungen und Stücklisten mit Hilfe des Stücklistenerstellungs-Statuskennzeichens (SES) sind auch im Rahmen der konstruktionsinternen Kontrolle unbedingt erforderlich.

Im Mittelpunkt der konstruktionsinternen Kontrolle steht die Überprüfung der Funktionsgerechtheit. Diese Kontrolle umfaßt neben den Gruppen-Zeichnungen und Stücklisten auch die Teile-Zeichnungen und Teilestammsätze. Werden die bereitgestellten Stücklisten oder technischen Teilestammsätze von der Kontrollstelle an den Ersteller rückgewiesen, ist dies mit Hilfe des Stücklistenerstellugs-Statuskennzeichens (SES) zu quittieren. Dieses Statuskennzeichen (SES) muß dazu auf den Zustand 4 gesetzt werden. CAD-intern wird mit dem Umsetzen von SES durch die konstruktionsinterne Kontrolle auf den Zustand 4 selbsttätig ein weiteres Statuskennzeichen, nachfolgend mit dem mnemotechnischen Ausdruck KWS bezeichnet, auf den Zustand 1 gesetzt. Dieses Statuskennzeichen (KWS) kennzeichnet mit dem Zustand 1 die Stücklisten und technische Teilestammsätze, die von der konstruktionsinternen Kontrolle rückgewiesen wurden und identifiziert damit die Stelle, die die Rückweisung vorgenommen hat. Der Zustand 4 des Stücklistenerstellungs-Statuskennzeichens (SES) hebt die generelle Sperrung der Datensätze gegen Änderungen auf und ermöglicht damit eine Überarbeitung der rückgewiesenen Stückliste oder technischen Teilestammsätze in CAD. Die logische Folge und gegenseitigen Abhängigkeiten der einzelnen Statuskennzeichenzustände sind in Form eines Programmnetzes gemäß DIN 66001 (1983, S. 15) im Anhang (vgl. A 1, Abbildung A 1.1) dokumentiert. Ebenso befindet sich eine Erläuterung der Statuskennzeichenzustände im Anhang (vgl. A 2).

Die Notwendigkeit der Setzung des Statuskennzeichens KWS auf den Zustand 1 mit der Umsetzung des Stücklistenerstellungs-Statuskennzeichens (SES) auf den Zustand 4 ergibt sich daraus, daß der Fortschritt der Überarbeitung der rückgewiesenen Stücklisten und technischen Teilestammsätze mit Hilfe von SES zu protokollieren ist. Mit der erneuten Bereitstellung der überarbeiteten Stücklisten und technischen Teilestammsätze zur konstruktionsinternen Kontrolle muß SES vom Zustand 4 auf den Zustand 2 gesetzt werden. Damit kann die konstruktionsinterne Kontrolle die überarbeiteten Stücklisten und technischen Teilestammsätze nicht von neuangelegten unterscheiden. Eine solche Unterscheidung ist jedoch erforderlich und muß durch eine Kennzeichnung der rückgewiesenen und überarbeiteten Stücklisten und technischen Teilestammsätze gewährleistet werden. Diese Kennzeichnung ist nur mit Hilfe eines speziellen Statuskennzeichnens (KWS), anhand dessen die von der konstruktionsinterne Kontrolle rückgewiesenen Stücklisten und Teilestammsätze identifiziert werden können, zu erreichen.

Gibt die konstruktionsinterne Kontrolle die bereitgestellten Stücklisten und technischen Teilestammsätze frei, quittiert sie dies ebenfalls mit Hilfe des Stücklistenerstellungs-Statuskennzeichens (SES) und setzt dieses auf den Zustand 3. CAD-intern wird selbsttätig die Umsetzung von KWS auf den Zustand 0 angestoßen, da mit dieser Freigabe gleichzeitig die der erneuten Kontrolle vorangegangene Rückweisung gegenstandslos geworden ist.

### 7.1.2 Stücklistenweiterbearbeitung

Ausgangspunkt der Stücklistenweiterbearbeitung ist die Übertragung der Stücklisten und technischen Teilestammsätze von CAD nach PPS. Gefordert werden muß ein Übertragungsprozeß, der vollständig im Hintergrund abläuft. Dazu gehören beispielsweise die Synchronisation der beiden Systeme, also die Sicherung der Empfangsbereitschaft oder die Reorganisation ggf. notwendiger Zwischendateien in CAD oder PPS. Weiterhin muß gewährleistet sein, daß im Übergabebereich Änderungen an den zu übertragenden Stücklisten und technischen Teilestammsätzen nicht möglich sind. Zudem sind die zu übertragenen Datensätze vor dem Einlesen in PPS auf Plausibilität zu prüfen, um keine fehlerbehafteten Stücklisten und technischen Teilestammsätze von CAD nach PPS zu übertragen und damit die Qualität der PPS-Daten zu beeinträchtigen. Ebenso ist eine Konsistenzkontrolle vorzunehmen. Insbesondere Mehrfachübertragungen können mit diesen Konsistenzkontrollen erkannt werden. Darüber hinaus muß der Zeitpunkt der Übertragung von den Systembenutzern frei wählbar sein. Die zyklische Übertragung in größeren Zeitabständen, beispielsweise täglich, verursacht eine unnötige Verlängerung des Arbeitsablaufs.

Angestoßen wird die Übertragung mit der Freigabe der Stücklisten und technischen Teilestammsätze durch die konstruktionsinterne Kontrolle und das Setzen des Stücklistenerstellungs-Statuskennzeichens (SES) auf den Zustand 3. Damit ist gewährleistet, daß nur von der konstruktionsinternen Kontrolle freigegebene Stücklisten und technische Teilestammsätze nach PPS übertragen werden. Zur Datenübertragung wird (vgl. Abbildung A 1.1) selbsttätig eine Kopie der zu übertragenden Stücklisten und technischen Teilestammsätzen vorgenommen und diese im

Übergabebereich für das Einlesen in PPS zwischengespeichert. Zur Steuerung und Verfolgung der Datenübertragung ist ein spezielles Statuskennzeichen, nachfolgend Übertragungs-Statuskennzeichen genannt und mit dem mnemotechnischen Ausdruck UTS belegt, erforderlich. Mit dem Einlesen der zu übertragenden Stücklisten und technischen Teilestammsätze in den Übergabebereich wird UTS auf den Zustand 0 gesetzt. Der Zustand 0 kennzeichnet die Datensätze, die für das Einlesen nach PPS bereit stehen.

Mit der selbsttätigen Setzung von UTS auf den Zustand 0 werden zunächst die Kontrollroutinen aktiviert, die die Plausibilität überprüfen (vgl. Abbildung A 1.1). Fehlerbehaftete Datensätze müssen an die Konstruktion rückgewiesen werden. Aufgrund der gegenseitigen Abhängigkeiten von Stückliste und zugehörigen technischen Teilestammsätzen sind die Kontrollroutinen so auszulegen, daß bei Fehlern in einem technischen Teilestammsatz auch die zugehörige Stückliste bzw. bei Fehlern in einer Stückliste auch die zugehörigen technischen Teilestammsätze rückgewiesen werden. Mit der Rückweisung wird das Übertragungs-Statuskennzeichen (UTS) selbsttätig auf den Zustand 2 gesetzt. Mit dem Setzen von UTS auf den Zustand 2 muß das Setzen eines Statuskennzeichens angestoßen werden, das die betreffenden Stücklisten und technischen Teilestammsätze, die durch die Plausibilitätskontrollroutinen rückgewiesen wurden, identifiziert. Dazu ist ein spezielles Statuskennzeichen einzurichten, nachfolgend mit dem mnemotechnischen Ausdruck UWS belegt. UWS wird mit dem Setzen von UTS auf den Zustand 2 in CAD selbsttätig auf den Zustand 1 gesetzt. Parallel dazu erfolgt eine Umsetzung der Stücklistenerstellungs-Statuskennzeichen (SES) auf den Zustand 4 (vgl. Abbildung A 1.1). Damit können die rückgewiesenen Stücklisten und technischen Teilestammsätze in CAD überarbeitet werden. Gleichzeitig erhalten die Konstruktionsmitarbeiter und die konstruktionsinterne Kontrolle einen Hinweis darauf, daß diese Datensätze von den Plausibilitätskontrollroutinen rückgewiesen wurden. Eine allgemeine Kennzeichnung der Rückweisung mit Hilfe des Stücklistenerstellungs-Statuskennzeichens (SES) ist unzureichend, da SES zur Protokollierung der Überarbeitung der rückgewiesenen Stücklisten und technischen Teilestammsätze benötigt wird und dementsprechend mit Hilfe von SES die rückweisende Stelle nicht identifiziert werden kann.

Die Löschung der rückgewiesenen Datensätze in diesen Dateien wird erreicht, indem mit dem Setzen des Übertragungs-Statuskennzeichen (UTS) auf den Zustand 2 die Löschung der betreffenden Stücklisten und technischen Teilestammsätze in der Übergabedatei selbsttätig angestoßen wird. Das Statuskennzeichen UWS ist nach erneuter Freigabe der rückgewiesenen Stücklisten und technischen Teilestammsätze durch die konstruktionsinterne Kontrolle auf den Zustand 0 rückzusetzen. Dies erfolgt selbsttätig im Anschluß an die Umsetzung des Stücklistenerstellungs-Statuskennzeichens (SES) auf den Zustand 3 (vgl. Abbildung A 1.1).

Bei den Plausibilitätskontrollen im Rahmen der Übertragung der Stücklisten und technischen Teilestammsätze auftretende Fehler beinhalten für den Konstruktionsmitarbeiter, der diese Stücklisten und technischen Teilestammsätze erstellt hat, Hinweise auf mögliche Fehler in seiner Konstruktion. Um auch hier der Forderung "zur Selbstqualifikation des Handelnden" (HEEG 1988, S. 48) zu entsprechen, sollte die Überarbeitung der Stücklisten und technischen Teilestammsätzen dem Ersteller dieser Datensätze vorbehalten bleiben. Er erhält damit die Möglichkeit, ihm ggf. unterlaufene Fehler selbst zu korrigieren. Verbunden mit der Rückweisung der fehlerbehafteten Stücklisten und technischen Teilestammsätzen muß daher eine Benachrichtigung des Erstellers erfolgen.

Die von den Plausibilitätskontrollroutinen als fehlerfrei erkannten Stücklisten werden im nächsten Schritt auf Konsistenz kontrolliert (vgl. Abbildung A 1.1). Verhindert werden muß, wie bereits ausgeführt, daß Stücklisten und technische Teilestammsätze mehrfach in PPS eingelesen und unberechtigterweise in PPS verwaltete Datensätze überschrieben werden. Dagegen sind aus PPS rückgewiesene und von der Konstruktion überarbeitete Stücklisten und technische Teilestammsätze in PPS einzulesen. Für Rückweisungen aus PPS werden nachfolgend in diesem Kapitel das Statuskennzeichen AWS und in Kapitel 7.1.3 das Statuskennzeichen MAS eingeführt. Weisen diese Statuskennzeichen den Zustand 1 auf, handelt es sich um rückgewiesene und überarbeitete Stücklisten und technische Teilestammsätze. Mit Hilfe von Abfragen, die den Zustand von AWS und MAS erfassen, kann selbsttätig ermittelt werden, ob es sich um eine irrtümliche Mehrfachbereitstellung handelt oder die kontrollierten Stücklisten und technischen Teilestammsätze von der Konstruktion überarbeitet wurden. Irrtümlich mehrfachbereitgestellte Datensätze erhalten den Zustand 3 des Übertragungs-Statuskennzeichens (UTS) und können ohne weitere Konsequenzen in den Dateien im Übergabebereich gelöscht werden. Diese Löschung wird hier erreicht, indem mit dem Umsetzen des Übertragungs-Statuskennzeichen (UTS) auf den Zustand 3 die Löschung selbsttätig angestoßen wird. Die von den Konsistenzkontrollroutinen akzeptierten Stücklisten und technischen Teilestammsätze werden im Anschluß an die Kontrolle selbsttätig in PPS eingelesen. Die eingelesenen Datensätze stehen mit Abschluß dieses Vorgangs für die Weiterbearbeitung bereit und sind entsprechend zu kennzeichnen. Dazu ist ein Statuskennzeichen erforderlich, mit dem die Stücklistenweiterbearbeitung verfolgt und gesteuert werden kann. Dieses Statuskennzeichen wird nachfolgend Stücklistenweiterbearbeitungs-Statuskennzeichen genannt und mit dem mnemotechnischen Ausdruck SWS belegt.

Nach Abschluß der Übertragung können die Teilestammsätze der neukonstruierten bzw. überarbeiteten Teile und Gruppen ergänzt, die Rohmaterialien ausgewählt und hinsichtlich der Menge spezifiziert sowie ggf. Teilestammsätze für neue Rohmaterialien angelegt werden. Wesentlich für die Organisation dieser Funktionen ist die Festlegung der Kompetenzverteilung.

Die für Anforderungsprofil A charakteristischen Erzeugnisse nach Kundenspezifikationen sind per Definition durch einen geringen Anteil kundenanonymer Konstruktionen und damit durch eine geringere Wiederverwendung bereits konstruierter Teile gekennzeichnet. Die überwiegende Anzahl der Teile wird nur einmal, spezifisch für den jeweiligen Kundenauftrag gefertigt. Für die der Fertigung vorgelagerten, planenden Bereiche ergibt sich daraus die Situation, daß eine große Anzahl an Fertigungsunterlagen erstellt werden muß, aber nur eine begrenzte Planungsgenauigkeit gerechtfertigt werden kann. Die Disposition erfolgt bei Erzeugnissen nach Kundenspezifikationen bis zur Rohmaterialebene überwiegend kundenauftragsspezifisch. Hieraus resultiert einerseits eine geringe Bedeutung der Losgrößenbildung, die sich weitgehend an den durch die Nettobedarfsermittlung vorgegebenen Mengen orientiert. Andererseits hat der Zeitpunkt der Stücklistenauflösung großen Einfluß auf die Durchlaufzeit. Eng verbunden mit der kundenauftragsspezifischen

Disposition ist die Wahl des Rohmaterials. Die Rohmaterialauswahl wird weitgehend durch die von der Konstruktion auf der Basis von Festigkeitsanforderungen vorgenommene Wahl der Werkstoffe bestimmt. Aufgrund der kleinen Losgrößen erübrigen sich im allgemeinen Entscheidungen, die die kostenoptimale Wahl zwischen Alternativen, wie beispielsweise bei einem Drehteil zwischen einem Schmiederohteil und einem Rohteil aus Stangenmaterial, beinhalten. Wesentlich ist darüber hinaus für Anforderungenprofil A der hohe Anteil der Konstruktion an der gesamten Durchlaufzeit.

Vor diesem Hintergrund ist die Forderung zu erheben, daß die Stücklistenweiterbearbeitung, also die Ergänzung der Teilestammsätze und die Zuordnung der Rohmaterialen durch die Konstruktion vorgenommen werden sollte. Arbeitsplanung und Mengenplanung kontrollieren im Zuge der Stücklistenweiterverarbeitung die Ergebnisse und verfügen über die Kompetenz, Korrekturen ohne Rücksprache mit der Konstruktion vornehmen zu können. Mit einer derartigen Kompetenzverteilung kann die Durchlaufzeit durch die Einsparung von Übergangszeiten zwischen Konstruktion, Arbeitsplanung und Mengenplanung positiv beeinflußt und dennoch eine hohe Planungsqualität erzielt werden. Dem gegenüber steht allerdings das Arbeiten der Konstruktionsmitarbeiter bei der Stücklistenbearbeitung mit CAD und PPS. Zunächst sind die Stücklisten und Teilestammsätze in CAD anzulegen und dann in PPS zu ergänzen. Die Mitarbeiter der Konstruktion werden dadurch mit den unterschiedlichen Benutzeroberflächen der beiden EDV-Systeme konfrontiert.

Eine derartige Gestaltung der Stücklistenweiterbearbeitung erfordert allerdings eine genaue Abbildung der Kompetenzen in den Benutzerrechten der PPS. Die Konstruktion darf zwar die Teilestammsatzergänzungen anlegen und die Rohmaterialzuordnung vornehmen, jedoch nach erfolgter Freigabe der bearbeiteten Teilestammsätze und Stücklisten durch die Konstruktion, die durch Umsetzen des Stücklistenweiterbearbeitungs-Statuskennzeichens (SWS) auf den Zustand 13 quittiert wird, müssen Änderungen ausschließlich Arbeitsplanung und Mengenplanung vorbehalten bleiben. Dabei muß in PPS ebenfalls festgelegt sein, welche Daten von Arbeitsplanung und welche von Mengenplanung geändert werden dürfen. Darüber hinaus muß die Möglichkeit bestehen, zwischen CAD- und PPS-Arbeitsplätzen Nachrichten auszutauschen. Die Konstruktion muß die Arbeitsplanung und Mengenplanung über die Fertigstellung der Teilestammsatzergänzungen und Rohmaterialzuordnungen benachrichtigen können. Zudem benötigt die Konstruktion die Möglichkeit des Nachrichtenaustauschs mit dem Einkauf, um die Anlage von Teilestammsätzen zu neuen Rohmaterialien anzustoßen. Die Teilestammsatzanlage zu neuen Rohmaterialien muß dem Einkauf überlassen bleiben, der auf Initiative der Konstruktion und in Absprache mit der Arbeitsplanung tätig wird.

Neben der Überprüfung der Teilestammsatzergänzungen und Rohmaterialzuordnungen muß die Arbeitsplanung im Rahmen der Arbeitsplanerstellung die neukonstruierten Teile und Gruppen kontrollieren. Hier muß überprüft werden, ob die neukonstruierten Teile und Gruppen mit den vorhandenen Möglichkeiten gefertigt werden können. Eine explizite Prüfung auf Fertigungsgerechtheit läßt sich nicht begründen. Aufgrund der geringen Wahrscheinlichkeit der wiederholten Fertigung eines Teils und der kleinen Losgrößen würde eine Rückweisung zur Konstruktion zwecks Optimierung im Hinblick auf die Fertigung Mehrkosten verursachen, die von den eingesparten Fertigungskosten wahrscheinlich nicht gedeckt würden. Zudem würde dadurch die Durchlaufzeit nachhaltig negativ beeinflußt. Bestehen keinerlei Möglichkeiten, ein Teil oder eine Gruppe zu fertigen, sind die betreffenden Stücklisten und Teilestammsätze von der Arbeitsplanung an die Konstruktion rückzuweisen. Dazu muß das Stücklistenweiterbearbeitungs-Statuskennzeichen (SWS) auf den Zustand 2 gesetzt werden. Mit dem Umsetzen von SWS auf den Zustand 2 wird das bereits erwähnte Statuskennzeichen AWS, das die von der Arbeitsplanung rückgewiesenen Stücklisten und technischen Teilestammsätze identifiziert, selbsttätig auf den Zustand 1 gesetzt. Im Anschluß daran erfolgt eine Übertragung von AWS nach CAD. Ebenso wird mit dem Umsetzen von SWS auf den Zustand 2 in CAD das Stücklistenerstellungs-Statuskennzeichen (SES) selbsttätig auf den Zustand 4 gesetzt (vgl. Abbildung A 1.1). Damit erhalten die Konstruktionsmitarbeiter und die konstruktionsinterne Kontrolle einen Hinweis darauf, daß diese Datensätze von der Arbeitsplanung rückgewiesen wurden und können zudem diese Datensätze ändern, da mit dem Umsetzen von SES auf den Zustand 4 die generelle Sperrung gegen Änderung aufgehoben ist.

Akzeptiert die Arbeitsplanung die Konstruktionsergebnisse, quittiert sie dies mit dem Umsetzen des Stücklistenweiterbearbeitungs-Statuskennzeichens (SWS) auf den Zustand 1. Dieser spezielle Statuskennzeichenzustand ist erforderlich, da die Kontrolle der Konstruktionsergebnisse in der Arbeitsplanung bestimmten Mitarbeitern vorbehalten sein kann. Mit Hilfe des Zustandes 1 von SWS kann diese Kompetenzverteilung abgebildet werden. Im Anschluß an das Umsetzen von SWS auf den Zustand 1 wird AWS selbsttätig auf den Zustand 0 rückgesetzt. Damit verbunden ist die Aufhebung der generellen Sperrung der neukonstruierten Teile und Gruppen gegen Wiederverwendung in CAD. Dazu wird AWS nach CAD übertragen und stößt in CAD das Umsetzen des Stücklistenerstellungs-Statuskennzeichen (SES) auf den Zustand 5 an. Die Quittierung der Kontrolle und Korrektur der von der Konstruktion ergänzten Stücklisten und technischen Teilestammsätze erfolgt ebenfalls mit Hilfe des Stücklistenweiterbearbeitungs-Statuskennzeichens (SWS). Die Arbeitsplanung setzt SWS dazu auf den Zustand 3, die Mengenplanung auf den Zustand 4 (vgl. Abbildung A 1.1). Die Stücklistenweiterbearbeitung ist damit abgeschlossen und die sich anschließende Disposition kann erfolgen. Die Bereitstellung der Stücklisten und technischen Teilestammsätze zur Disposition kann bestimmten Mitarbeitern der Mengenplanung vorbehalten sein. Diese Kompetenzverteilung muß mit Hilfe eines speziellen Statuskennzeichenzustandes abgebildet werden. Dementsprechend ist zur Quittierung der Freigabe der Stücklisten und Teilestammsätze für die Disposition das Stücklistenweiterbearbeitungs-Statuskennzeichen (SWS) auf den Zustand 5 umzusetzen.

Die Struktur des grundsätzlichen Ablaufs der Stücklistenerstellung und -weiterbearbeitung für Anforderungsprofil A zeigt zusammenfassend Abbildung 7.2.

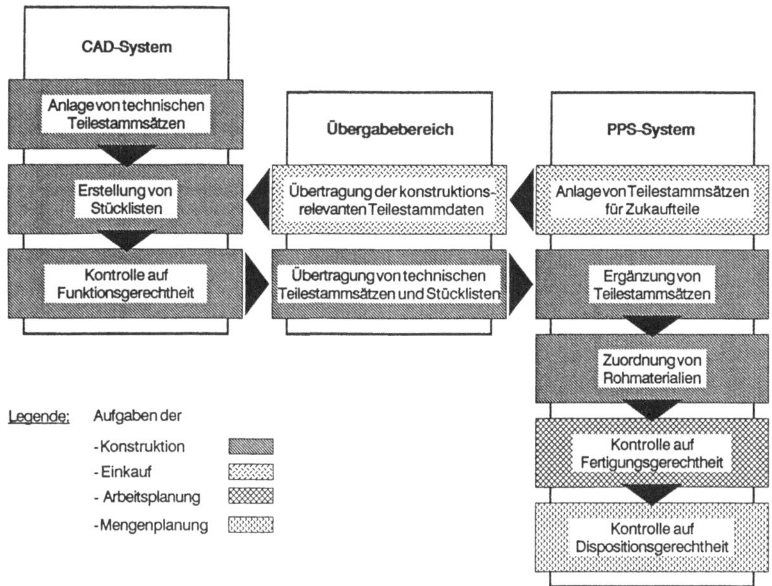


Abb. 7.2: Grundsätzliche Ablaufstruktur der Stücklistenerstellung und -weiterbearbeitung für Anforderungsprofil A

### 7.1.3 Änderungswesen

Charakteristisch für Anforderungsprofil A sind Modifikationen der Auftragsspezifikationen auf Wunsch des Kunden während der Auftragsbearbeitung. Diese Änderungswünsche verlangen zunächst eine Analyse der Auswirkungen auf die Abwicklung des Kundenauftrags hinsichtlich technischer Realisierbarkeit, zusätzlicher Kosten und Einfluß auf den Liefertermin. Dazu müssen die modifizierten Spezifikationen des Kunden mit den ursprünglichen verglichen, die zu ändernden Gruppen des Erzeugnisses bestimmt und der Bearbeitungsstand dieser Gruppen ermittelt werden.

Voraussetzung hierzu ist ein durchgängiger, in CAD wie in PPS vorhandener Bezug der Stücklisten, technischen Teilestammsätze und Zeichnungen zum Kundenauftrag. Abhängig von der Wahrscheinlichkeit der Auftragsmodifikation sollte die weitere Bearbeitung dieser Gruppen, soweit wie möglich, zurückgestellt werden, um eine Mehrfachbearbeitung zu vermeiden. Gleichzeitig ist die technische Realisierbarkeit der neuen Auftragsspezifikationen zu prüfen und der zusätzliche Aufwand abzuschätzen. Darüber hinaus müssen die zusätzlichen Kosten sowie die Verzögerung der Erzeugnisauslieferung spezifiziert werden.

Die Ergebnisse dieser Arbeiten sind Grundlage für die anschließenden Verhandlungen mit dem Kunden. Ausgehend von den hier getroffenen Vereinbarungen werden die entsprechenden, bereits erarbeiteten Dokumente und Datensätze, von den Zeichnungen über die zugehörigen Stücklisten bis zu möglicherweise bereits generierten Fertigungsaufträgen gesperrt.

Hierzu ist ein spezielles Statuskennzeichen vorzusehen, mit dem durchgängig in CAD und PPS die entsprechenden Dokumente und Datensätze gesperrt werden können. Dieses Statuskennzeichen wird nachfolgend mit Kundensperr-Statuskennzeichen bezeichnet und mit dem mnemotechnische Begriff KUS gekennzeichnet. Dabei sollte das Setzen dieses Kundensperr-Statuskennzeichens (KUS) in einem System ausreichen, um die Sperrung in beiden Systemen vorzunehmen (vgl. Abbildung A 1.1). Hier muß eine entsprechende, systemübergreifende Funktion eingerichtet werden. Der Zugang zu dieser Funktion darf allerdings nur autorisierten Personen möglich sein, deren Zugangskompetenz in den Benutzerrechten von CAD und PPS abgebildet werden muß. Voraussetzung für die Nachkalkulation des Kundenänderungswunsches ist die Durchführung von Strukturänderungen in der Auftragsstückliste. Für die von den Kundenänderungswünschen betroffenen Gruppen ist eine neue Auftragsposition anzulegen, unter der die bereits erstellten Stücklisten und Teilestammsätze zu archivieren sind. Die dieser Auftragsposition zugeordneten Dokumente und Datensätze dürfen nicht geändert werden können. Jedoch muß ein Zugriff auf diese zu Informationszwecken möglich sein. Dies wird erreicht, indem mit dem Setzen von KUS auf den Zustand 1 selbsttätig das Stücklistenerstellungs-Statuskennzeichen (SES) auf den Zustand 6 und das Stücklistenweiterbearbeitungs-Statuskennzeichen (SWS) auf den Zustand 11 umgesetzt werden. Der Zustand 6 von SES und der Zustand 11 von SWS sind so definiert, daß Änderungen, Wiederverwendungen sowie die Weiterbe- und -verarbeitung von Stücklisten und Teilestammsätzen in CAD und PPS nicht möglich sind. Jedoch müssen diese Dokumente und Datensätze ohne Übernahme der jeweiligen Identnummern kopiert werden können, um die Bearbeitung der modifizierten Auftragsspezifikationen durch Überarbeitung der bereits erstellten Dokumente und Datensätze so effizient wie möglich zu gestalten. Die Bearbeitung der modifizierten Auftragsspezifikationen beginnt mit der bereits aufgezeigten Änderung der Auftragsstruktur und der anschließenden Umsetzung der Auftragsspezifikationen in der Konstruktion. Die Organisationsform für die Bearbeitung der modifizierten Kundenspezifikationen entspricht der der Auftragsbearbeitung.

Neben Änderungen aufgrund von modifizierten Auftragsspezifikationen kennzeichnen Änderungen, die aufgrund von konstruktiven Mängeln an Teilen erforderlich werden, Anforderungsprofil A. Derartige Mängel erfordern eine Überarbeitung der betreffenden Teile durch die Konstruktion. Die Behebung von Mängeln verzögert die Auftragsabwicklung, da die betreffenden Teile meist später gefertigt werden können, als geplant. Zudem erfordern die notwendigen Korrekturen in allen Bereichen der technischen Auftragsabwicklung zusätzlichen Aufwand, der ohne Kapazitätserweiterung ebenfalls die Durchlaufzeit des Auftrags negativ beeinflußt. Die Erweiterung von Kapazitäten ist in der Regel nur in engen Grenzen möglich. Um dennoch den negativen Einfluß von Mängeln auf die Durchlaufzeit der Aufträge zu minimieren, muß die Korrektur der Mängel so schnell wie möglich eingeleitet und effizient ausgeführt werden.

Ein erster Schritt ist die schnelle Benachrichtigung der Konstruktion und der für die Auftragsabwicklung verantwortlichen Stelle. Hierzu sollte die Möglichkeit des Nachrichtenaustauschs zwischen PPS- und CAD-Arbeitsplätzen bestehen. Als Ansprechpartner für derartige Meldungen müssen einzelne Personen benannt sein, die über die Qualifikation verfügen, die konstruktiven Konsequenzen der Mängel zu erkennen und gleichzeitig die Kompetenz haben, die erforderlichen Korrekturen ausführen zu lassen. Zur zielgerichteten Benachrichtigung dieser Personen sollte ihr Name im Teilestammsatz aufgeführt sein.

In der Konstruktion müssen zunächst die Art und der Umfang der konstruktiven Konsequenzen erfaßt werden. Dazu gehört die Klärung von Folgeänderungen, also Änderungen an Teilen, die mit dem mangelbehafteten in Verbindung stehen. Zudem muß eine Korrektur in allen Verwendungen sichergestellt sein. Hierzu ist ein Teileverwendungsnachweis erforderlich, der in PPS, aber auch in CAD möglich sein muß, um wiederverwendete Teile, deren Stückliste noch nicht von CAD nach PPS übertragen wurde, zu finden. In diesem Zusammenhang müssen auch, soweit bereits Teile gefertigt wurden, die Möglichkeiten der Nacharbeit geprüft werden, um Aufwand und Kosten der Änderung zu minimieren.

Nachdem die konstruktiven Konsequenzen der Änderung analysiert sind, müssen die für die Auftragsabwicklung verantwortliche Stelle sowie die nachgelagerten Bereiche über die Ergebnisse informiert werden. Mit dem Auftreten des Mangels wurde die Bearbeitung des mangelbehafteten Teils im Rahmen der Auftragsabwicklung gestoppt. Dieser Schritt ist in CAD und PPS durch das Setzen eines entsprechenden Statuskennzeichens nachzuvollziehen. Zweckmäßigerweise ist dazu ein spezielles Statuskennzeichen einzuführen. Dieses wird nachfolgend Mangelsperr-Statuskennzeichen genannt und mit dem mnemotechnischen Ausdruck MAS belegt. Soweit weitere Teile aufgrund von Folgeänderungen ebenfalls geändert werden, sind auch diese zu sperren. Ebenso wie bei mangelbehafteten Teilen können bei diesen Teilen aktuelle Fertigungsaufträge betroffen sein. Daher muß die Möglichkeit bestehen, die Verwendung dieser Teile mittels Ein- und Auslaufterminen zu steuern. Das Setzen des Mangelsperr-Statuskennzeichens (MAS) zur Sperrung der mangelbehafteten Teile sollte durchgängig in CAD und PPS erfolgen, wie bereits für Änderungen aufgrund von Kundenänderungswünschen aufgezeigt. Dies setzt allerdings voraus, daß alle relevanten Dokumente EDV-technisch verwaltet werden. Daher sind beispielsweise in CAD neben den CAD-Zeichnungen auch konventionelle Zeichnungen zu verwalten.

Mit dem Setzen des Mangelsperr-Statuskennzeichens (MAS) auf den Zustand 1 muß das Stücklistenerstellungs-Statuskennzeichen (SES) für die gesperrten Stücklisten, technischen Teilestammsätze und zugehörigen Zeichnungen auf den Zustand 4 gesetzt werden. Der Zustand 4 des Stücklistenerstellungs-Statuskennzeichens (SES) hebt die generelle Sperrung gegen Änderung auf. Dazu muß das Mangelsperr-Statuskennzeichen (MAS) nach CAD übertragen werden. In CAD stößt MAS das Umsetzen des Stücklistenerstellungs-Statuskennzeichens (SES) auf den Zustand 4 an (vgl. Abbildung A 1.1). Zudem ist die Übertragung von MAS nach CAD zur Identifikation der Stücklisten und technischen Teilestammsätze der mangelbehafteten Teile und Gruppen durch die Konstruktion notwendig. Diese Notwendigkeit ergibt sich, da der Zustand 4 des Stücklistenerstellungs-Statuskennzeichens (SES) bei allen Rückweisungen, die eine Überarbeitung von Stücklisten und technischen Teilestammsätzen erfordern, gesetzt wird. Das Setzen des Mangelsperr-Statuskennzeichens (MAS) sollte aufgrund der weitreichenden Folgen dieser Maßnahme nur wenigen, autorisierten Personen vorbehalten sein. Diese restriktive Kompetenzverteilung muß in den Benutzerrechten von CAD und PPS abgebildet werden.

Die Effizienz der Änderungsdurchführung kann durch eine Erläuterung und Beschreibung der von der Konstruktion vorgenommenen Änderungen, die zusammen mit den geänderten Dokumenten und Datensätzen abzulegen sind, erhöht werden. Die nachgelagerten Bereiche können damit die vorgenommenen Änderungen leichter nachvollziehen und die Änderungen ihrerseits schneller vornehmen. Zudem sind die durchgeführten Änderungen auch zu einem späteren Zeitpunkt verständlich.

Im Rahmen der Rücksprache der Konstruktion mit der für die Auftragsabwicklung verantwortlichen Stelle und den nachgelagerten Bereichen, müssen neben der Sperrung der zu ändernden Teile auch Entscheidungen über die Nacharbeit bereits gefertigter Teile getroffen werden. Abhängig vom Stand der Auftragsbearbeitung und der Bedeutung der zu ändernden Teile für den weiteren Fortschritt der Auftragsbearbeitung ist die Dringlichkeit festzulegen.

Bei weniger dringlichen Änderungen werden die zu überarbeitenden Teile in die Auftragsabwicklung eingesteuert und wie in Kapitel 7.1.1 und 7.1.2 aufgezeigt, bearbeitet (vgl. Abbildung 7.3). Für dringlichere Änderungen muß eine beschleunigte Bearbeitung der zu ändernden Teile möglich sein, die in Abbildung 7.3 der ersten Alternative gegenübergestellt ist. Zu verhindern sind sogenannte Bypassoperationen, d.h. Bearbeitungen von Änderungen, die nicht auf dem festgelegten, formalen Weg unter Umgehung von CAD und PPS erfolgen und damit die Datenkonsistenz gefährden. Auf ein Durchlaufen aller an der Auftragsabwicklung beteiligten Bereiche kann, aus Gründen der Sicherung der Datenkonsistenz, nicht verzichtet werden. Für dringliche Änderungen müssen spezielle Änderungskompetenzen auf einzelne Personen übertragen werden, die neben der Bearbeitung der zu korrigierenden Teile auch die bereichsinterne Kontrolle und Freigabe für die Bearbeitung in den nachgelagerten Bereichen beinhalten. Damit wird die Anzahl der nacheinander zu durchlaufenden Stellen reduziert. Die Übergangszeiten zwischen den Stellen werden in Summe vermindert. Zudem ist die Abstimmung der Änderungsmaßnahmen zwischen den Bereichen leichter möglich.

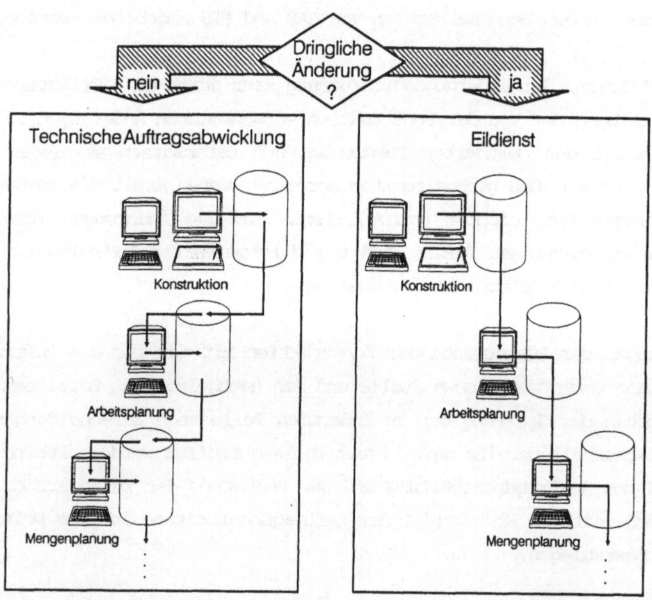


Abb. 7.3: Alternativen zur Abwicklung von Änderungen aufgrund technischer Mängel

Die für die Stücklistenerstellung und -weiterbearbeitung (vgl. Kapitel 7.1.1 und 7.1.2) benötigten Statuskennzeichen SES und SWS sind auch bei der Durchführung von Änderungen erforderlich, um diesen Ablauf verfolgen und steuern zu können. Wie bereits ausführlich in Kapitel 7.1.2 erläutert, müssen die Kontrollroutinen im Rahmen der Datenübertragung von CAD nach PPS, die ein mehrmaliges Einlesen gleicher Datensätze verhindern, so ausgelegt sein, daß diese das Einlesen geänderter Datensätze mit der Konsequenz des Überschreibens der vorhandenen ermöglichen. Dazu müssen die Kontrollroutinen prüfen, ob das Mangelsperr-Statuskennzeichen (MAS) bei dem einzulesenden Datensatz den Zustand 1 aufweist. Weist dieses Statuskennzeichen (MAS) den Zustand 1 auf, müssen die Kontrollroutinen die Datensätze akzeptieren und ein Einlesen in PPS, hier ein Überschreiben der vorhandenen Datensätze, gewähren.

Bei der Durchführung von Änderungen sind ebenso wie bei der Stücklistenerstellung und -weiterbearbeitung Nachrichten auszutauschen. Im Unterschied dazu sollte die Priorität dieser Nachrichten derart variiert werden können, daß der Adressat die Nachricht unmittelbar nach dem Absenden empfängt und quittieren muß. Damit sind besonders eilige Änderungen schnellstmöglich abzuwickeln. Um die Auftragsabwicklung nicht unnötig durch eilige Nachrichten zu stören, dürfen Nachrichten mit höherer Priorität nur von den mit Änderungskompetenzen ausgestatteten Personen gesendet werden.

Über die entwickelten Gestaltungsvorschläge für Änderungen aufgrund von Modifikationen der Auftragsspezifikationen und von mangelbehafteten Teilen hinaus müssen bei Anforderungprofil A, bedingt durch die redundante Verwaltung der technischen Teilestammsätze, ergänzende Regelungen getroffen werden. Allerdings gelten diese nur für die technischen Teilestammsätze, die nicht von der Konstruktion angelegt und daher auch nicht von ihr geändert werden dürfen. Der Geltungsbereich dieser Regelungen ist auf die Zukaufteile beschränkt, da diese vom Einkauf angelegt und verwaltet werden. Die Organisation dieser Änderungen entspricht dem in Kapitel 7.4.3 für derartige Änderungen entwickelten Vorschlag.

### 7.1.4 Recherche

Kennzeichnend für Anforderungsprofil A sind Erzeugnisse nach Kundenspezifikationen, die einen geringen Anteil an Standardkonstruktionen aufweisen. Bei Auftragserteilung liegt nur eine abstrakte Beschreibung des zu produzierenden Erzeugnisses vor. Trotz der geringen Rückgriffsmöglichkeiten auf Standardkonstruktion muß die Konstruktion zunächst eine Recherche vornehmen. Aufgrund der heterogenen Kundenspezifikationen liegt der Schwerpunkt dieser Recherche auf der Suche nach einem möglichst ähnlichen Erzeugnis. Ausgehend von diesem Erzeugnis wird dann die Recherche auf der Ebene von Gruppen höherer Ordnung fortgeführt. Ergebnis der Recherche kann überwiegend nur der Rückgriff auf ähnliche Gruppen, die an die Spezifikationen des Kunden angepaßt werden und weniger, bedingt durch die Heterogenität der produzierten Erzeugnisse, der Rückgriff auf direkt, ohne konstruktive Anpassungen wiederverwendbare Gruppen sein. Bei dieser Recherche baut die Konstruktion auf den Ergebnissen aus der Angebotsphase auf und überprüft diese anhand der detaillierteren Kundenspezifikationen. Im weiteren Verlauf des Konstruktionsprozesses verschiebt sich der Rechercheschwerpunkt hin zu Gruppen niedrigerer Ordnung und Teilen.

Ein Instrumentarium, mit dem komfortabel auf wiederverwendbare Gruppen zurückgegriffen werden kann, stellt KOSMAS (1988, S. 59 ff.) vor. Dieses Instrumentarium baut auf einem sogenannten Produkt-Struktogramm auf, mit dem sich die funktionalen und geometrischen Verträglichkeiten von Gruppenkombinationen überprüfen lassen (KOSMAS a.a.O., S. 60). KOSMAS (a.a.O.) kommt vor dem Hintergrund seiner Aufgabenstellung, der Entwicklung von Hilfsmitteln für die Montagevorbereitung, zu dem Schluß, daß zum Zeitpunkt der Klärung des Kundenauftrags zu Beginn des Konstruktionsprozesses die notwendigen Anpaß- und Neukonstruktionen von untergeordneter Bedeutung sind. Dementsprechend wird die Suche nach ähnlichen Gruppen, die bei Anforderungsprofil A im Mittelpunkt stehen, von diesem Instrumentarium nicht unterstützt. Dies gilt ebenso für die Instrumentarien Varianten- und Konfigurationsstückliste sowie Entscheidungstabelle, die beispielsweise Gegenstand der Ausführungen von BÖHM (1986) und POESTGES (1988) sind.

Die Suche nach ähnlichen Gruppen erfordert Suchmerkmale, die weitgehend auf den die Gruppen charakterisierenden Funktions- und Leistungsmerkmalen, ergänzt durchgrobe geometrieorientierte Merkmale, wie Hauptabmessungen oder Kopplungsbedingungen, basieren. Die wesentlichen Faktoren bei der Gestaltung der Recherchefunktionen sind neben der Auswahl der Suchmerkmale die Schaffung von Such- und Bewertungsstrategien. Einerseits muß die Suche durch eine Strategie, bei der die Suchmerkmale streng nach fallendem Selektionsgrad angeordnet sind, unterstützt werden. Andererseits wird die Suche aufgrund der geringen Wahrscheinlichkeit eine Gruppe zu finden, die ohne konstruktive Anpassungen verwendet werden kann, immer die Notwendigkeit der Auswahl einer Möglichkeit aus mehreren Alternativen beinhalten. Die Auswahl der kostengünstigsten Alternative wird nicht nur durch die Fertigungskosten, sondern auch durch den erforderlichen konstruktiven Anpassungsaufwand bestimmt und verlangt die Einrichtung von Bewertungsstrategien. Darüber hinaus erfordert die Suche nach möglichst ähnlichen Gruppen die Prüfung der zugehörigen Zeichnungen. Zwischen der Recherche auf Basis der Suchmerkmale und der Geometriedatenverwaltung in CAD muß daher eine Verbindung hergestellt sein, die einen direkten Zugriff auf die Gruppen-Zeichnungen während der Recherche ermöglicht. Hier muß die Möglichkeit des Zeichnungszugriffs über die Identnummer der Gruppe bestehen. Generell, also auch für Teile-Zeichnungen, ist der Zugriff auf die zugehörigen Zeichnungen über die Identnummer zu fordern.

Neben der Gestaltung der eigentlichen Recherchefunktion wird die Effizienz ebenso durch die Erfassung und Pflege der jeweiligen Ausprägungen der Suchmerkmale bestimmt. Da es sich hierbei um beschreibende Daten, ähnlich den Teilestammdaten handelt, sollte die Erfassung und Pflege der Suchdaten zusammen mit der Anlage und Änderung der technischen Teilestammsätze erfolgen. Grundsätzlich könnte diese Recherchefunktion in CAD wie in PPS geschaffen werden. Bei der Entscheidung für CAD oder PPS muß berücksichtigt werden, daß neben der Konstruktion ggf. auch der Vertrieb die Möglichkeit der Suche nach ähnlichen Erzeugnissen nutzt. Eine Implementierung in CAD würde daher die Möglichkeit der Emulation dieser CAD-Funktion am PPS-Arbeitsplatz erforderlich machen. Würde diese Recherchefunktion in PPS implementiert, müßten die Suchdaten von CAD nach PPS übertragen werden. Eine klare Präferenz für CAD oder PPS kann auf dem dieser Arbeit zugrundeliegenden Konkretisierungsniveau nicht definiert werden.

Die Möglichkeit der Suche nach ähnlichen Gruppen ist, wie bereits zu Anfang des Kapitels erwähnt, durch die Suche nach Teilen zu ergänzen. Aufgrund der ähnlichen Anforderungen von Profil A und B sei daher auf den in Kapitel 7.2.4 entwickelten Gestaltungsvorschlag verwiesen.

Neben der Suche nach ähnlichen Teilen und Gruppen ist die Informationsbeschaffung der Konstruktion auf Basis der in PPS verwalteten Grund- und Bewegungsdaten für Anforderungsprofil A kennzeichnend. Insbesondere Bestandsdaten sind hier von Bedeutung, da bei Anforderungsprofil A aufgrund der Heterogenität der produzierten Erzeugnisse überwiegend bedarfsorientiert disponiert wird. Zukaufteile und Rohmaterialien, deren Beschaffungszeit eine rechtzeitige Bereitstellung zur Fertigung in Frage stellen, sind von der Konstruktion der Mengenplanung mitzuteilen, damit ggf. eine Vorabdisposition vorgenommen wird. Hierzu sollte auf die Möglichkeit des Nachrichtenaustauschs zwischen CAD- und PPS-Arbeitsplätzen zurückgegriffen werden.

## 7.2 Gestaltungsvorschläge für Anforderungsprofil B

### 7.2.1 Stücklistenerstellung

Die Stücklistenerstellung erfolgt bei Anforderungsprofil B mit Ausnahme von Sonderkonstruktionen und kundenanonymen Entwicklungen nicht auf Basis von Gruppen-Zeichnungen. Grundlage der Stücklistenerstellung sind der Entwurf und die Teilestammsätze der relevanten Teile und Gruppen. Auch wenn der Entwurf mit CAD-Unterstützung erstellt wird, erhält dieser nicht die Daten für die Stücklistenerstellung wie eine Gruppen-Zeichnung. Eine Stücklistenerstellung, wie sie für Anforderungsprofil A entwickelt wurde, also das Auslesen der für die Stückliste relevanten Daten aus der Gruppen-Zeichnung, ist hier demnach nur für Sonderkonstruktionen möglich. Für das Gros der kundenspezifischen Konstruktionen muß die Stücklistenerstellung in anderer Form gestaltet werden. Um den Aufwand bei der Stücklistenerstellung dennoch möglichst gering zu halten, sollte dazu auf vorhandene Stücklisten zurückgegriffen und diese entsprechend den Vorgaben des Entwurfs modifizert werden. Grundsätzlich könnte dies in CAD wie in PPS erfolgen. Eine Erstellung der Stücklisten in CAD würde die explizite Verwaltung der Stücklisten in CAD redundant zu PPS erfordern. Aus Gründen der Minimierung des Aufwands für die Datenkonsistenzsicherung sollten die Stücklisten explizit ausschließlich in PPS verwaltet werden. Daher ist eine Stücklistenerstellung in PPS gegenüber CAD für Anforderungsprofil B vorzuziehen.

Teilestammsatzanlage

Voraussetzung für die Stücklistenerstellung in PPS ist die Anlage der Teilestammsätze zu neuen Teilen mit Ausnahme von Sonderteilen. Für diese Teile genügen die Beschreibungsdaten in der Stückliste. Die technischen Teilestammsätze sollten für Fertigungsteile in Analogie zu Anforderungsprofil A im Rahmen der Erstellung der Teile-Zeichnungen am CAD-Arbeitsplatz angelegt werden. Im Gegensatz zu Anforderungsprofil A ist es bei Profil B von Vorteil, die technischen Teilestamm- und Zeichnungsschriftfelddaten redundanzfrei in PPS zu verwalten. Dieses Datenhaltungskonzept wird durch die Erfassung der technischen Teilestammsätze und Schriftfelddaten am CAD-Arbeitsplatz im Rahmen der Erstellung der Teile-Zeichnungen unter Nutzung der PPS-Grunddatenverwaltung gekennzeichnet. Bei Aufruf einer Zeichnung werden die Zeichnungsschriftfelddaten von PPS nach CAD übertragen und dort mit den Geometriedaten zur Zeichnung assembliert, wie in Kapitel 7.1.1 aufgezeigt. Die technischen Teilestammsätze stehen bei diesem Konzept der Datenhaltung mit Abschluß der Teile-Zeichnungserstellung in PPS ohne explizite Übertragung von CAD nach PPS für die Stücklistenerstellung zur Verfügung. Dieser für Anforderungsprofil A unbedeutende Vorteil dieses Datenhaltungskonzepts wird vor dem Hintergrund der Stücklistenerstellung in PPS für Anforderungsprofil B entscheidend. Gegenüber der redundanten Datenverwaltung der technischen Teilestammsätze und Zeichnungsschriftfelddaten in CAD, die ein Übertragen der technischen Teilestammsätze durch die CAD-Benutzer erfordert, ermöglicht die redundanzfreie Verwaltung eine effizientere und komfortablere Stücklistenerstellung. Obwohl die in Kapitel 7.1.1 aufgezeigten Nachteile der redundanzfreien Verwaltung von technischen Teilestammsätzen und Zeichnungsschriftfeldern in PPS auch für Anforderungsprofil B gelten, stellt dieses Konzept für Anforderungsprofil B das geeignetere dar.

Wie für Anforderungsprofil A aufgezeigt, ist auch bei Profil B das Führen eines Stücklistenerstellungs-Statuskennzeichens (SES) für die Steuerung und Verfolgung der Anlage von technischen Teilestammsätzen und Zeichnungsschriftfelddaten zu fordern. Mit der Anlage neuer technischer Teilestammsätze muß diesen das Stücklistenerstellungs-Statuskennzeichen (SES) zugeordnet und auf den Zustand 1 gesetzt werden. Der Zustand 1 ermöglicht nur dem Konstruktionsmitarbeiter, der diese angelegt hat, den Zugriff zum Zweck der Änderung oder Wiederverwendung. Dadurch sind diese Datensätze gegen Zugriffe durch nicht legitimierte CAD- und PPS-Benutzer zwecks Wiederverwendung, Änderung oder Weiterbearbeitung geschützt.

Da die technischen Teilestammsätze bei dem für Anforderungsprofil B vorgeschlagenen Datenhaltungskonzept am CAD-Arbeitsplatz direkt in PPS angelegt werden, kann in CAD auf die Einrichtung zusätzlicher Funktionen zur Plausibilitäts- und Konsistenzkontrolle sowie zur Identnummernvergabe verzichtet und auf die in PPS vorhandenen Funktionen zurückgegriffen werden. Dennoch darf, wie in Kapitel 7.1.1 aufgezeigt, eine Änderung am technischen Teilestammsatz, sei es aus Gründen der konstruktionsinternen Überarbeitung noch vor der Kontrolle und Freigabe oder nach der Kontrolle zur Durchführung von Korrekturen, nur auf Basis der Zeichnung möglich sein.

Die Anlage von Teilestammsätzen für neue Zukaufteile sollte, wie bei Anforderungsprofil A aufgezeigt, allein in der Kompetenz des Einkaufs liegen. Auch bei Anforderungsprofil B muß die Konstruktion, wie in Kapitel 7.1.1 entwickelt, mit dem Einkauf diesbezüglich über die Möglichkeit des Nachrichtenaustauschs Kontakt aufnehmen. Allerdings ist eine explizite Übertragung der technischen Teilestammdaten von PPS nach CAD nicht erforderlich. Mit Abschluß der Erstellung der Teile-Zeichnungen und Anlage der zugehörigen Teilestammsätzen zu neuen Fertigungsteilen sowie den technischen Teilestammsätzen zu neuen Zukaufteilen sind die Voraussetzungen für die Stücklistenerstellung geschaffen.

Stücklistenerstellung

Die Stücklistenerstellung erfolgt bei Anforderungsprofil B in PPS am CAD-Arbeitsplatz, wie bereits aufgezeigt. Dazu wird auf eine möglichst ähnliche Stückliste, in der Regel auf die Stücklisten, deren zugehörige Gruppen-Zeichnung Basis des Entwurfs war, zurückgegriffen. Ausgangspunkt der Stücklistenerstellung ist die Kopie dieser Stückliste. Bei dieser Kopie darf die Identnummer der Gruppe nicht mitkopiert werden.

Hilfreich für die nachgelagerten Bereiche kann jedoch die Übernahme der Identnummer in ein spezielles Feld des Teilestammsatzes als Verweis auf die Ausgangs-Gruppe sein. Damit hat beispielsweise die Arbeitsplanung die Möglichkeit des direkten Zugriffs auf die der Ausgangs-Gruppe zugehörigen Dokumente, wie beispeilsweise den Montageplan.

In der kopierten Stückliste sind zunächst die geänderten und wegfallenden Teile und Gruppen zu löschen. Um direkt auf die für diese Gruppe neu angelegten Teilestammsätze zurückgreifen zu können, sollten diese zusammengefaßt in PPS abgelegt sein. Sinnvoll wäre die Anlage des Teilestammsatzes der Gruppe, zu der die Stücklisten angelegt werden sollen, bereits vor der Anlage der technischen Teilestammsätze zu den neuzukonstruierenden Teilen, also unmittelbar im Anschluß an die Fertigstellung des Entwurfs. Unter diesem Teilestammsatz könnten dann die neu angelegten technischen Teilestammsätze für Fertigungs- und Zukaufteile zusammengefaßt werden. Die neuen Teile sind dann in die Stücklisten einzufügen. Dieses Einfügen sollte so komfortabel wie möglich gestaltet werden und nicht die manuelle Eingabe der jeweiligen Identnummern erfordern, sondern beispielsweise durch Selektion der betreffenden Datensätze am Bildschirm möglich sein. Der Komfort darf sich nicht auf das Einfügen der für diese Gruppen neu angelegten Teile beschränken, sondern muß auch für den Rückgriff auf Teile aus der Teilestammverwaltung gelten. Bei der Erstellung der Stücklisten muß zudem die Möglichkeit bestehen, komfortabel Teile zu einer Gruppe niedrigerer Ordnung zusammenzufassen und ohne Verlassen der Stücklistenerstellungsfunktion einen Teilestammsatz für diese Gruppe anzulegen. Neben der Strukturgenerierung müssen die Mengen definiert und die Positionsnummern vergeben werden. Für alle Teilestammsätze zu Gruppen, zu denen noch keine Zeichnungen erstellt wurden, ist im Teilestammsatz, implizit durch die fehlende Zeichnungsnummer oder explizit durch ein Kennzeichen, auf diesen Sachverhalt hinzuweisen. Zum Abschluß der Stücklistenerstellung muß die Stückliste der jeweiligen Auftragsposition zugeordnet werden.

Die auf diese Art erstellte Stückliste muß, ebenso wie die technischen Teilestammsätze der neukonstruierten Teile, mit Hilfe des Stücklisten-Statuskennzeichens (SES) gegen Änderung, Wiederverwendung oder Weiterbearbeitung durch nicht legitimierte Personen gesperrt sein. Eine Änrung darf bis zur Bereitstellung der Stückliste für die konstruktionsinterne Kontrolle nur durch den Ersteller möglich sein. Dies wird durch das Setzen des Stücklistenerstellungs-Statuskennzeichens (SES) auf den Zustand 1 erreicht. Mit der Bereitstellung der Konstruktionsergebnisse zur Kontrolle und Freigabe muß das Stücklisten-Statuskennzeichen (SES) auf den Zustand 2 umgesetzt werden. Damit ist gewährleistet, daß parallel zur Kontrolle keine Änderungen möglich sind.

Die Kontrolle der Stücklisten hat bei dieser Art der Stücklistenerstellung eine große Bedeutung. Grundlage der Kontrolle ist neben den zugehörigen neuen Teile-Zeichnungen und technischen Teilestammsätzen insbesondere der Entwurf. Ähnlich wie bei Anforderungsprofil A (vgl. Kapitel 7.1.1) ist auch hier die Bereitstellung dieser Unterlagen als Papierdokumente gegenüber der EDV-technischen am Bildschirm geeigneter. Etwaige Mängel in den kontrollierten Stücklisten, technischen Teilestammsätzen und Zeichnungen führen zu einer Rückweisung dieser Dokumente und Datensätze. Diese Rückweisung muß mit Hilfe des Stücklistenerstellungs-Statuskennzeichens (SES) quittiert werden. Dazu wird SES auf den Zustand 4 gesetzt. Die weitere Behandlung von rückgewiesenen Stücklisten und technischen Teilestammsätzen entspricht der in Kapitel 7.1.1 aufgezeigten Weise. Mit der Freigabe der Stücklisten, technischen Teilestammsätze und Zeichnungen ist das Stücklistenerstellungs-Statuskennzeichen (SES) auf den Zustand 3 umzusetzen. Die logische Folge und die gegenseitigen Abhängigkeiten der einzelnen Statuskennzeichenzustände sind in Form eines Programmnetzes gemäß DIN 66001 (1983, S.15) im Anhang dokumentiert (vgl. A 1, Abbildung A 1.2). Dem Programmnetz wurde der für Profil B charakteristische stücklistenorientierte Konstruktionsablauf zugrundegelegt. Nicht dargestellt sind Änderungen in Stücklisten auf Basis von Gruppen-Zeichnungen. Ebenso befindet sich im Anhang (vgl. A 2) eine Erläuterung der Statuskennzeichenzustände. Parallel zur Stücklistenweiterbearbeitung wird die von der Konstruktion erstellte Stückliste neben dem zugehörigen Entwurf und den Teile-Zeichnungen als Grundlage der Erstellung der Gruppen-Zeichnungen benötigt. Zur effizienten Gruppen-Zeichnungserstellung müssen die für die Schriftfelder relevanten Daten aus den Stammsätzen der Gruppen übernommen werden. Darüber hinaus sollte die Möglichkeit bestehen, über die Stückliste die Zeichnungen der Teile für die Gruppen-Zeichnungen aufzurufen. Eine weitere Unterstützung bei der Gruppen-Zeichnungserstellung wird durch Abgleiche zwischen Stückliste und Gruppen-Zeichnung hinsichtlich der enthaltenen Teile, der Mengen- und Positionsnummern geschaffen, wie Abbildung 7.4 verdeutlichen soll. Hierzu müssen komfortable Funktionen bereitgestellt werden.

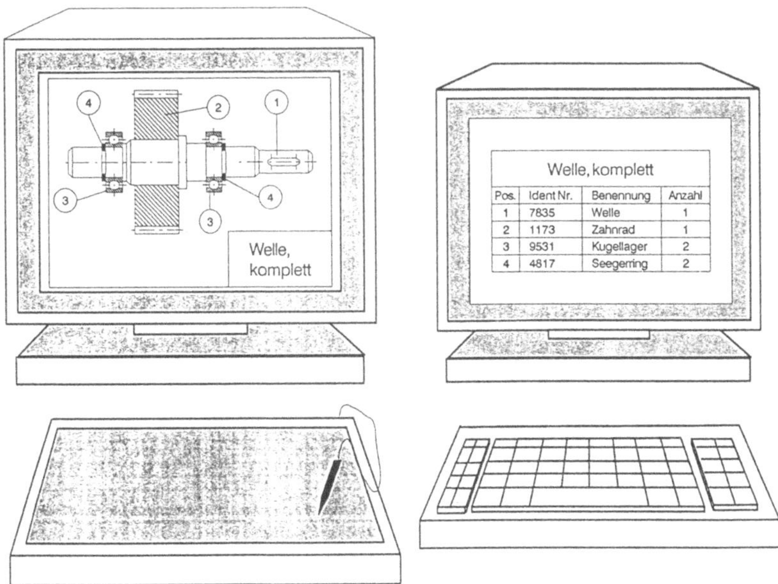


Abb. 7.4: Abgleich der Gruppen-Zeichnung mit der zugehörigen Stückliste

Grundsätzlich sollte auch bei Anforderungsprofil B die Gruppen-Zeichnung implizit die Stückliste enthalten. Wie bereits für Anforderungsprofil A in Kapitel 7.1.1 aufgeführt, lassen sich damit Anpassungskonstruktionen und Änderungen komfortabel und unter Gewährleistung der Datenkonsistenz durchführen.

## 7.2.2 Stücklistenweiterbearbeitung

Mit Ausnahme der im Rahmen von kundenspezifischen Sonderkonstruktionen und kundenanonymen Entwicklungen auf Basis von Gruppen-Zeichnungen erstellten Stücklisten wurden die Stücklisten in PPS angelegt und liegen dort zur Weiterbearbeitung vor. Die auf Basis der Gruppen-Zeichnungen erstellten Stücklisten werden entsprechend des für Anforderungsprofil A entwickelten Gestaltungsvorschlags von CAD nach PPS übertragen. Wesentlicher Unterschied ist die Einsparung der Übergabe der technischen Teilestammsätze. Diese werden, wie im Kapitel zuvor dargelegt, direkt in PPS erfaßt. Die Struktur des grundsätzlichen Ablaufs der Stücklistenerstellung und -weiterbearbeitung für Anforderungsprofil B, wie er nachfolgend für die Stücklistenweiterbearbeitung vorgestellt wird, zeigt Abbildung 7.5.

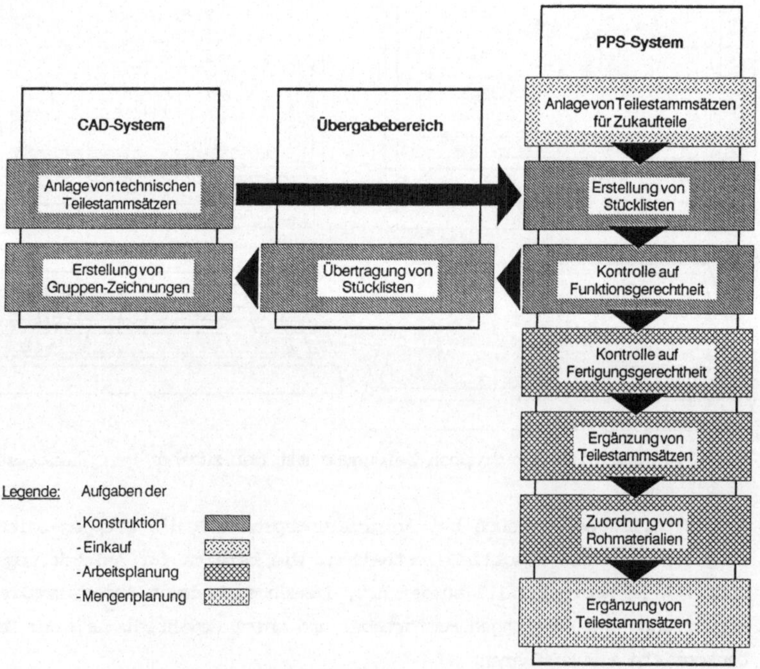


Abb. 7.5: Grundsätzliche Ablaufstruktur der Stücklistenerstellung und -weiterbearbeitung für Anforderungsprofil B

Typisierte Erzeugnisse mit kundenspezifischen Varianten sind durch einen gegenüber Erzeugnissen nach Kundenspezifikation deutlich höheren Anteil kundenanonymer Standardkonstruktionen gekennzeichnet. Der Anteil der im Rahmen der Abwicklung eines Kundenauftrags neu konstruierten und damit von den der Konstruktion nachgelagerten Bereichen Arbeitsplanung und Mengenplanung zu bearbeitenden Teile und Gruppen ist daher hier geringer. Gleichzeitig ist eine höhere Planungsgenauigkeit gefordert, um den Ansprüchen einer wiederholten Fertigung gerecht zu werden. Angestrebt werden muß hier eine explizite Kontrolle der neukonstruierten Teile und Gruppen durch die Arbeitsplanung hinsichtlich fertigungstechnischer Aspekte. Aufgrund der gegenüber Anforderungsprofil A höheren Wahrscheinlichkeit der Rückweisung an die Konstruktion muß ein serieller Ablauf eingerichtet werden. Diese Kontrolle durch die Arbeitsplanung sollte direkt im Anschluß an die Bereitstellung der Stücklisten und technischen Teilestammsätze durch die Konstruktion und vor der Ergänzung der Teilestammsätze erfolgen, um ein mehrmaliges Ergänzen gleicher Teilestämme und damit unnötige Mehrarbeit zu vermeiden. Die Freigabe der Stücklisten und technischen Teilestammsätze für die Kontrolle durch die Arbeitsplanung quittiert die konstruktionsinterne Kontrolle durch das Umsetzen des Stücklistenerstellungs-Statuskennzeichens (SES) auf den Zustand 3. In PPS muß damit selbsttätig eine Nachricht über die Bereitstellung der Dokumente und Datensätze für die Arbeitsplanung generiert und an die entsprechenden PPS-Arbeitsplätze überstellt werden.

Ähnlich wie für Anforderungsprofil A (vgl. Kapitel 7.1.2) ist die Ausführung der Kontrolle der Konstruktionsergebnisse in der Arbeitsplanung mit Hilfe des Stücklistenweiterbearbeitungs-Statuskennzeichens (SWS) zu quittieren. Weist die Arbeitsplanung Teile oder Gruppen zurück, setzt sie SWS auf den Zustand 2. Die weitere Behandlung der rückgewiesenen Stücklisten und technischen Teilestammsätze gleicht der für Anforderungsprofil A in Kapitel 7.1.2 aufgezeigten Weise. Im Gegensatz zu Profil A wird hier allerdings das Statuskennzeichens AWS, das die Arbeitsplanung als rückweisende Stelle identifiziert, nicht nach CAD übertragen. Aufgrund der redundanzfreien Verwaltung der teilebeschreibenden alphanumerischen Daten in PPS werden auch für CAD und PPS eine gemeinsame Stati-Datei in PPS geführt und die Statuskennzeichen redundanzfrei verwaltet (vgl. Abbildung A 1.2). Mit dem Quittieren der Rückweisung ist eine Nachricht mit der Begründung der Rückweisung vom PPS-Arbeitsplatz in der Arbeitsplanung an den CAD-Arbeitsplatz des betreffenden Konstruktionsmitarbeiters zu übermitteln.

Bei Korrekturen in Stücklisten muß gewährleistet sein, daß diese in der noch zu erstellenden Gruppen-Zeichnung berücksichtigt bzw. diese Korrekturen bei erstellter Gruppen-Zeichnung auf Basis der Gruppen-Zeichnung durchgeführt werden. Zu fordern ist hier ein Verriegelungsmechanismus, der jede Änderung der Stückliste in PPS verhindert, sobald in CAD mit der Gruppen-Zeichnungserstellung begonnen wurde. Die Akzeptanz der Konstruktionsergebnisse quittiert die Arbeitsplanung ebenfalls mit Hilfe des Stücklistenweiterbearbeitungs-Statuskennzeichens (SWS). Dazu setzt sie SWS auf den Zustand 1. Damit wird in PPS das Statuskennzeichen (AWS), das die Stücklisten und technischen Teilestammsätze identifiziert, die von der Arbeitsplanung rückgewiesen wurden, selbsttätig auf den Zustand 0 rückgesetzt, da mit der Freigabe eine vorangegangene Rückweisung gegenstandslos geworden ist. Gleichzeitig sollten mit der Freigabe durch die Arbeitsplanung die neukonstruierten Teile und Gruppen für die Wiederverwendung durch die Konstruktion freigegeben werden. Mit der Rücksetzung von AWS auf den Zustand 0 wird dementsprechend das Stücklistenerstellungs-Statuskennzeichen (SES) auf den Zustand 5 gesetzt, der eine Wiederverwendung der Stücklisten und technischen Teilestammsätze der neukonstruierten Teile und Gruppen ermöglicht.

Die Zuordnung der Rohmaterialien zu neuen Fertigungsteilen sollte bei Anforderungsprofil B von der Arbeitsplanung vorgenommen werden. Hintergrund dieser Kompetenzverteilung sind die bereits für die Kontrolle der Konstruktionsergebnisse durch die Arbeitsplanung genannten Gründe. Etwaige neue Rohmaterialien, die erforderlich werden, verlangen die Anlage eines entsprechenden Teilestammsatzes. Die Anlage von Teilestammsätzen sollte allerdings dem Einkauf vorbehalten bleiben. Die Arbeitsplanung muß dazu mit dem Einkauf über die Möglichkeit des Nachrichtenaustauschs Kontakt aufnehmen und die Anlage eines Teilestammsatzes für das benötigte Rohmaterial anstoßen. Da auch bei Anforderungsprofil B die Rohmaterialwahl wesentlich durch die Werkstoffwahl der Konstruktion beeinflußt wird, kann zusätzlich eine Rücksprache mit der Konstruktion notwendig werden. Auch hierfür muß der Austausch von Nachrichten zwischen PPS- und CAD-Arbeitsplätzen möglich sein. Die Ausführung der Rohmaterialzuordnung muß mit Hilfe des Stücklistenweiterbearbeitungs-Statuskennzeichens (SWS) in den Stücklisten quittiert werden. Hierzu ist SWS auf den Zustand 3 zu setzen.

Neben der Kontrolle der neukonstruierten Teile und Gruppen sowie der Rohmaterialzuordnung müssen von der Arbeitsplanung im Rahmen der Stücklistenweiterbearbeitung die technischen Teilestammsätze um die arbeitsplanungsspezifischen Daten ergänzt werden. Auch die Ergänzung der Teilestammsätze durch die Arbeitsplanung ist mit Hilfe des Stücklistenweiterbearbeitungs-Statuskennzeichens (SWS) zu quittieren. Wie die Rohmaterialzuordnung wird auch die Ergänzung der Teilestammsätze durch Umsetzen von SWS auf den Zustand 3 quittiert. Gleichzeitig muß mit diesem Umsetzen des Stücklistenweiterbearbeitungs-Statuskennzeichens (SWS) vom System selbsttätig eine Nachricht an die Mengenplanung übermittelt werden, die die entsprechenden Personen über die Bereitstellung der Teilestammsätze durch die Arbeitsplanung informiert. Mit dieser Benachrichtigung kann die Übergangszeit zwischen Arbeitsplanung und Mengenplanung positiv beeinflußt werden. In der Mengenplanung werden die Teilestammsätze weiter ergänzt. Auch die Ausführung dieser Ergänzungen ist mit Hilfe des Stücklistenweiterbearbeitungs-Statuskennzeichens (SWS) durch Umsetzen auf den Zustand 4 zu quittieren.

Für jeden Zustand des Stücklistenweiterbearbeitungs-Statuskennzeichens (SWS) müssen in PPS Plausibilitätsprüfungen hinterlegt sein, die ein Umsetzen dieses Statuskennzeichens (SWS) ohne Anlage der entsprechenden Datenfelder verriegelt. Darüber hinaus muß über dieses Statuskennzeichen (SWS) eine nicht der vorgegebenen Reihenfolge entsprechende Stücklistenweiterbearbeitung sowie ein Rückgriff auf unvollständige Stücklisten zur Disposition verhindert werden. Neben diesen Verriegelungsfunktionen müssen weitere Selektionsfunktionen die Möglichkeit bieten, einen Überblick über den Stand der Stücklistenweiterbearbeitung zu erhalten.

Ebenso muß in PPS die Kompetenzverteilung zwischen und innerhalb der Bereiche abgebildet werden, um sicherzustellen, daß nur Personen Daten anlegen bzw. ändern, die dazu autorisiert sind. So dürfen beispielsweise die technischen Teilestammdaten oder die Stückliste nur von Konstruktionsmitarbeitern geändert werden. Die Rohmaterialzuordnung obliegt allein der Arbeitsplanung. Die Ergänzung der technischen Teilestammsätze ist, für jedes Teilestammdatum separat definiert, nur Mitarbeitern von Arbeitsplanung oder Mengenplanung möglich.

Mit der Vervollständigung der Teilestammsätze sind die Voraussetzungen für die Disposition geschaffen. Die Freigabe der Stücklisten und Teilestammsätze zur Disposition wird ebenfalls mit Hilfe des Stücklistenweiterbearbeitungs-Statuskennzeichens (SWS) quittiert. Dazu ist SWS auf den Zustand 5 umzusetzen.

Die Erzeugnisstandardisierung zielt bei Anforderungsprofil B auf die Begrenzung der Teilevielfalt ab. Dazu sollte keine weitere Stelle, wie beispielsweise eine Normenstelle, in die Auftragsabwicklung eingebunden werden. Die Einbindung einer weiteren Stelle würde die Durchlaufzeiten durch zusätzliche Übergangszeiten zwischen Konstruktion und dieser Stelle und aufgrund des Zeitaufwandes für Kontrolle und Überarbeitung weiter erhöhen. Vielmehr sollte die Begrenzung der Teilevielfalt von der Konstruktion eigenverantwortlich sichergestellt werden. Letztlich ist der Rückgriff auf vorhandene Teile und Gruppen im Sinne der Konstruktion, da mit einem Rückgriff auf Wiederverwendungsteile und -gruppen auch in der Konstruktion eine Aufwandsreduzierung verbunden ist. Hieraus ergibt sich die Konsequenz, komfortable Möglichkeiten zur Recherche nach Wiederverwendungsteilen und -gruppen einzurichten. Diese Forderung wird in Kapitel 7.2.4 wieder aufgegriffen.

### 7.2.3 Änderungswesen

Kennzeichnend für Anforderungsprofil B sind Modifikationen der Auftragsspezifikationen während der Auftragsbearbeitung auf Wunsch des Kunden. Die Organisation der Abwicklung dieser Kundenänderungswünsche kann in Analogie zu dem für Anforderungsprofil A entwickelten Vorschlag gestaltet werden (vgl. Kapitel 7.1.3). Ein Bezug der Zeichnungen in CAD zu Aufträgen ist hier nicht expilizit zu fordern. Dieser ist durch die Verwaltung der Zeichnungsschriftfelddaten und technischem Teilestammsatz in PPS implizit vorhanden (vgl. Kapitel 7.2.1).

Neben Kundenänderungswünschen sind Änderungen aufgrund von konstruktiven Mängeln an Teilen für Anforderungsprofil B charakteristisch. Der für Anforderungsprofil A entwickelte Gestaltungsvorschlag für derartige Mangeländerungen genügt grundsätzlich auch den Anforderungen von Profil B. Abweichungen ergeben sich vor allem aufgrund der redundanzfreien Verwaltung der technischen Teilestammsätze und Zeichnungsschriftfelddaten in PPS (vgl. Kapitel 7.2.1). Eine explizite Übertragung der technischen Teilestammsätze aus CAD nach PPS durch den CAD-Benutzer ist nicht erforderlich. Auch für die erforderlichen Sperr-Statuskennzeichen KUS und MAS erübrigt sich eine Übertragung von PPS nach CAD (vgl. Abbildung 7.5). Da die Stücklisten in CAD implizit redundant in den den Gruppen-Zeichnungen zugrundliegenden CAD-Modellen verwaltet werden, ist mit dem Sperren des Teilestammsatzes einer Gruppe auch die zugehörige Gruppen-Zeichnung und damit auch die Stückliste in CAD gesperrt. Die implizit redundante Verwaltung der Stücklisten in CAD verlangt aber, wie für Anforderungsprofil A in Kapitel 7.1.3 aufgezeigt, in PPS wie CAD Teileverwendungsnachweise durchführen zu können. Die implizit redundante Verwaltung der Stücklisten in der Gruppen-Zeichnung erfordert darüber hinaus die Durchführung von Änderungen an Stücklisten ausschließlich auf Basis der Gruppen-Zeichnungen und eine Verriegelung der Stücklisten in PPS gegen Änderungen, wie dies in Kapitel 7.2.2 bereits aufgezeigt wurde.

Für Anforderungsprofil B müssen wie bei Profil A neben den entwickelten Gestaltungsvorschlägen für Änderungen aufgrund von Modifikationen der Auftragsspezifikation und aufgrund von mangelbehafteten Teilen ergänzende Regelungen für Teile definiert werden, deren Stammdaten von der Konstruktion verwendet, nicht aber von ihr gepflegt werden. Der Geltungsbereich dieser Regelungen ist auch bei Anforderungsprofil B auf Zukaufteile begrenzt, die widererwarten nicht oder nicht rechtzeitig lieferbar sind. Im Mittelpunkt stehen allerdings nicht die technischen Teilestammdaten, da diese redundanzfrei in PPS verwaltet werden. Vielmehr sind hier ggf. in CAD vorhandene Geometriedaten von der Konstruktion auf ihre Gültigkeit zu überprüfen und, falls erforderlich, zu modifizieren. Der Gestaltungsvorschlag zu dieser Änderung wird in Kapitel 7.4.3 entwickelt.

### 7.2.4 Recherche

Typisierte Erzeugnisse mit kundenspezifischen Varianten weisen einen bedeutenden Umfang an Standardkonstruktionen auf. Häufig kann auf einen Grundtyp zurückgegriffen werden, der durch Modifikationen einzelner Funktionseinheiten an die Kundenspezifikationen angepaßt wird. Die Recherche in der Konstruktion konzentriert sich daher auf Gruppen mittlerer und niedrigerer Ordnung und insbesondere auf Teile. Ziel der Erzeugnisstandardisierung ist die Begrenzung der Teilevielfalt. Für die Konstruktion sind daher komfortable Recherchefunktionen zu schaffen.

Zur Gestaltung der Recherchefunktion hinsichtlich der Suche nach Gruppen kann auf den für Anforderungsprofil A in Kapitel 7.1.4 entwickelten Vorschlag zurückgegriffen werden, da die zugrunde liegenden Anforderungen weitgehend gleich sind. Vor dem Hintergrund des größeren Umfangs an Standardkonstruktionen gegenüber Anforderungsprofil A kommt bei Profil B den Instrumentarien zur Suche nach wiederverwendbaren Gruppen eine höhere Bedeutung zu. Aufgrund der Verantwortung der Konstruktion für die Begrenzung der Teilevielfalt soll der Schwerpunkt dieses Kapitels auf der Gestaltung der Recherchefunktion hinsichtlich der Suche nach Teilen liegen.

Bei der Suche nach Teilen muß zwischen Einzelteilen und Teilen differenziert werden, die an sich Gruppen darstellen, jedoch aus der Sicht der Konstruktion als Teile geführt werden. Dies sind insbesondere Zukaufteile wie Motoren, Getriebe und ähnliches. Die Suche nach diesen Teilen ähnelt sehr stark der Suche nach Gruppen, da auch hier Suchmerkmale im Vordergrund stehen, die den Funktions- und Leistungsumfang beschreiben und ggf. um grobe, geometrieorientierte Merkmale wie die Hauptabmessungen oder Kopplungsbedingungen ergänzt werden. Die Suche nach Einzelteilen orientiert sich dagegen vor allem an der Geometrie, ergänzt durch technologische Informationen. Für Normteile sind die Suchmerkmale in der DIN 4000 (1984) festgelegt. Darüber hinaus enthält diese Norm Grundsätze zur Auswahl von Suchmerkmalen, hier Sachmerkmale genannt, und deren Zusammenfassung zu einer sogenannten Sachmerkmalsleiste.

Um eine möglichst effiziente Suche nach Einzelteilen zu schaffen, ist eine direkte Unterstützung durch CAD zu fordern. Hier sollen die Gestaltungsvorschläge von EVERSHEIM u.a. (1989) und TÖNSHOFF u.a. (1987)

aufgegriffen werden. EVERSHEIM u.a. (a.a.O.) stellen ein CAD-Systemmodul für die Suche, Auswahl und Auslegung von Norm-, Kauf- und Wiederverwendungsteilen vor. Unterschieden werden zwei Funktionsblöcke, die die Auswahl und Dimensionierung der Teile unterstützen. Dieser Systemmodul ist mit CAD verbunden, so daß die Ergebnisse der Auswahl und Dimensionierung an CAD übergeben werden. In CAD wird das betreffende Teil in die Konstruktion eingefügt und die zugehörige Graphik generiert (EVERSHEIM a.a.O., S. 29).

Charakteristisch für die vorgestellte Lösung ist die Herleitung von unbekannten Parametern mit Hilfe von Berechnungsfunktionen. Dies ist bei der Suche nach Teilen erforderlich, da "nicht alle Sachmerkmale ... direkt durch den Benutzer eingegeben oder graphisch-interaktiv mit Hilfe von CAD-Funktionen (z.B. Abgreifen einer Länge) hergeleitet werden" können. "Viele Sachmerkmale sind abhängig von Parametern der Konstruktion, die wiederum oftmals nicht direkt ermittelt werden können und abhängig von weiteren Parametern sind" (EVERSHEIM u.a., a.a.O., S. 31).

Beim Gestaltungsvorschlag von TÖNSHOFF u.a. (1987) werden im Unterschied zu den klassischen gruppentechnischen Ansätzen, die sich in der Regel einfacher Such- und Sortieralgorithmen auf Basis meist hierarchischer Klassifizierungssysteme bedienen, multivariable statistische Verfahren angewendet. Diese Verfahren erlauben eine Reduzierung des Suchaufwandes durch Vermeidung von redundanten Suchmerkmalen in Abfrageroutinen. Abgefragt werden nur diejenigen Suchmerkmale, die minimal erforderlich sind, um auf alle anderen Suchmerkmale zu schließen.

Wie bereits ausgeführt, muß bei der Suche nach Teilen eine direkte Verbindung zwischen der Recherchefunktion und der Generierung bzw. Verwaltung der Teilegeometrien in CAD bestehen. Hier muß die Möglichkeit des Zeichnungszugriffs über die Identnummer der Teile bestehen. Abbildung 7.6 zeigt beispielhaft ein Auswahlmenü zur Ähnlich- und Wiederverwendungsteilsuche, wie es von TÖNSHOFF u.a. (1987, S. 56) vorgeschlagen wird. Am Ende einer Suche müssen die zu den gefundenen Teilen gehörenden Geometrien sowie im Vergleich dazu die Geometrie des gesuchten Teils dargestellt werden.

Dem Nutzen einer Recherche, sei es auf Gruppen- oder Teileebene, steht der zusätzliche Aufwand zur Erfassung der Suchdaten entgegen. Wie TÖNSHOFF u.a. (1987, S. 52) weiter ausführen, läßt sich der Aufwand hierzu durch geeignete Gestaltung der Benutzeroberfläche des CAD-Systems, die sich an Makros für "technische Elemente", wie Paßfedernuten orientiert, reduzieren. Lediglich die Geometrien, die nicht unter Rückgriff auf technische Elemente konstruiert werden können, müssen zusätzlich beschrieben werden.

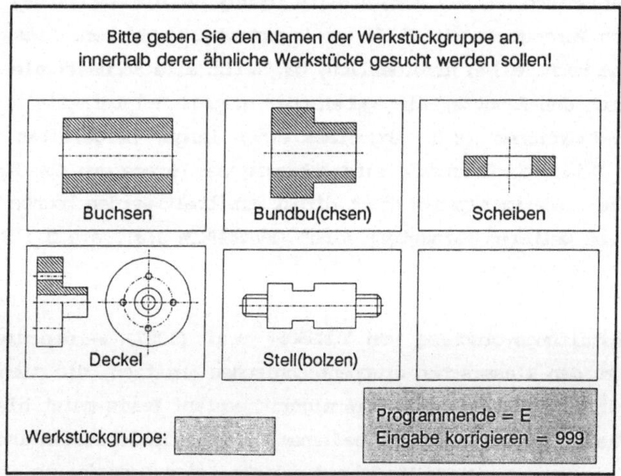


Abb. 7.6: Beispiel für ein Auswahlmenü zur Ähnlich- und Wiederverwendungsteilsuche (TÖNSHOFF u.a. 1987, S. 56)

Neben der Suche nach ähnlichen Teilen und Gruppen kennzeichnet Anforderungsprofil B die Informationsbeschaffung der Konstruktion auf Basis der in PPS verwalteten Grund- und Bewegungsdaten. Auch bei Anforderungsprofil B muß die Konstruktion bei der Verwendung von Zukaufteilen, deren Beschaffungszeit eine rechtzeitige Bereitstellung zur Fertigung in Frage stellt, Kontakt mit der Mengenplanung aufnehmen, damit ggf. eine Vorabdisposition vorgenommen wird. Wie für Anforderungsprofil A bereits aufgezeigt, sollte dazu die Möglichkeit des Nachrichtenaustauschs zwischen CAD- und PPS-Arbeitsplätzen genutzt werden.

## 7.3 Gestaltungsvorschläge für Anforderungsprofil C

### 7.3.1 Stücklistenerstellung

Kennzeichnend für Anforderungsprofil C ist die Erstellung von Stücklisten auf Basis einer Variantenlogik. Mit Ausnahme von kundenspezifischen Sonderkonstruktionen oder kundenanonymen Entwicklungen können hier die Stücklisten ohne direkten Konstruktionsaufwand durch Rückgriff auf Variantenprogramme erstellt werden. Hier besteht die Möglichkeit, weitgehend auf Standardkonstruktionen zurückzugreifen, die entweder durch Kombination oder Dimensionierung von Teilen oder Gruppen an die Kundenspezifikationen angepaßt werden. Zu unterscheiden sind hier Montage- und Maßvarianten.

Die Kombination vorhandener Konstruktionen zu kundenspezifischen Montagevarianten wird bereits von Standard-PPS-Systemen unterstützt. Da zur Generierung von Montagevarianten auf die Stücklisten vorhandener, kombinierbarer Konstruktionen zurückgegriffen werden muß, ist PPS mit seinen vielfältigen Möglichkeiten bei Stücklistenverwaltung und -manipulation für diese Art der Stücklistenerstellung prädestiniert. Zur Stücklistenerstellung bei Montagevarianten ist keine CAD-Unterstützung erforderlich. Zudem stellen CAD-Arbeitsplätze in der Praxis vielfach einen kapazitiven Engpaß dar. Daher sollten zur Stücklistenerstellung bei Montagevarianten PPS-Arbeitsplätze in der Konstruktion eingerichtet werden. Nachteilig an diesem Konzept sind die erforderlichen Arbeitsplatzwechsel zwischen CAD-, PPS- und konventionellem Arbeitsplatz.

Bei Maßvarianten werden Grundtypen durch die Definition variabler Maße dimensioniert. Ergebnisse der Maßvariantengenerierung sind neben Stücklisten auch Zeichnungen. Die Maßvariantengenerierung kann daher nur in CAD vorgenommen werden. Im Hinblick auf die Stücklistenerstellung unterscheiden sich Montage- und Maßvarianten bezüglich des Rückgriffs und der Modifikation von Teilestamm- und Strukturdaten. Während bei Montagevarianten auf der Basis bekannter Teile und Gruppen neue Strukturen definiert werden, werden bei Maßvarianten auf bekannte Strukturen zurückgegriffen und neue Teile und Gruppen erzeugt, wie Abbildung 7.7 zeigt.

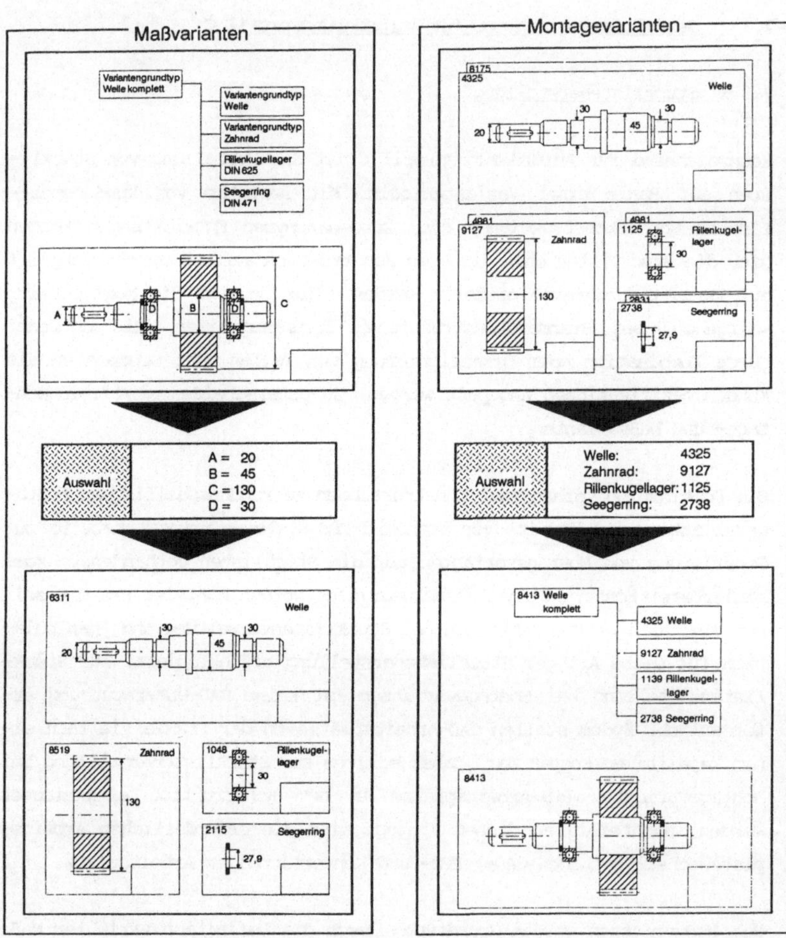


**Abb. 7.7: Gegenüberstellung der Stücklistenerstellung bei Maß- und Montagevarianten**

Bei der Stücklistenerstellung für Maßvarianten werden daher Stammsätze zu neuen Teilen und Gruppen angelegt. Hieraus resultiert die Notwendigkeit der Identnummernvergabe in CAD. Wie bereits für Anforderungsprofil A in Kapitel 7.1.1 aufgezeigt, sollte dies die auch in PPS verwendete Identnummer sein. Aus der Stücklistenweiterbearbeitung in PPS ergibt sich die Notwendigkeit des Führens der Identnummern der Variantengrundtypen in den technischen Teilestammsätzen der erzeugten Teile und Gruppen (vgl. Kapitel 7.3.2). Für die Stücklistennutzung in den der Konstruktion nachgelagerten Bereichen ist zudem die Erfassung des oder der wesentlichen Maße im Teilestammsatz sinnvoll. Bei an sich gleichen, aber in den Maßen unterschiedlichen Teilen kann so rasch, ohne Identnummernvergleich, das jeweilige Teil oder die jeweilige Gruppe identifiziert werden.

Ausgangspunkt der Maßvariantengenerierung in CAD ist die Erfassung der kundenauftragsspezifischen Variantenparameterwerte. Diese Variantenparameterwerte sollten vom Vertrieb erfaßt werden, da bereits im Rahmen der Auftragsverhandlungen mit dem Kunden zu entscheiden ist, ob die Spezifikationen des Kunden mit Hilfe der vorhandenen Varianten erfüllt werden können. Dazu sind die Kundenspezifikationen in Variantenparameterwerte umzusetzen und mit den jeweiligen Grenzwerten der Variantenprogramme zu vergleichen. Die in diesem Zusammenhang ermittelten Variantenparameter sollten in PPS erfaßt und den entsprechenden Auftragspositionen zugeordnet werden. Die Konstruktion greift auf diese Variantenparameterwerte zurück und überprüft sie anhand einer Beschreibung der Kundenspezifikationen. Stellt die Konstruktion Fehler bei der Umsetzung der Kundenspezifikationen in die Variantenparameterwerte fest, muß sie Rücksprache mit dem Vertrieb aufnehmen und der Vertrieb nach Klärung der Konsequenzen die entsprechenden Korrekturen vornehmen.

Für die Stücklistenerstellung sollten die Variantenparameter gemäß der Zielsetzung einer Kopplung ohne erneute Eingabe in die Variantenprogramme eingelesen werden können. Für Maßvarianten ist daher eine entsprechende Möglichkeit der Datenübertragung von PPS nach CAD erforderlich. Die eigentliche Stücklistenerstellung erfolgt, abhängig von der Gestaltung der Variantenprogramme im Batch- oder Dialog-Betrieb. Das Ergebnis der Variantenprogrammläufe sind auf die Kundenspezifikationen abgestimmte Stücklisten und die zugehörigen Gruppen- und Teilezeichnungen.

Die mit Hilfe von Variantenprogrammen erstellten Stücklisten und Zeichnungen müssen generell gegen Änderungen gesperrt sein. Änderungen dürfen nur mittels einer erneuten Erstellung auf Basis der Variantenprogramme möglich sein. Dazu muß die ursprüngliche Stückliste gelöscht werden, da mehrere unterschiedliche Stücklisten zu einer Auftragsposition nicht vorhanden sein dürfen. Hintergrund dieser generellen Sperrung gegen Änderungen ist bei Maßvarianten die Konsistenzproblematik von Stückliste und Zeichnung und bei Montagevarianten die Gefahr unzulässiger Teile- oder Gruppenkombinationen.

Nach der Erstellung der Stücklisten, bzw. bei Maßvarianten der Stücklisten und Zeichnungen, müssen diese zur Kontrolle und Freigabe bereitgestellt werden. Auch bei Anforderungsprofil C ist für die Stücklistenerstellung auf Basis von Variantenprogrammen ein Statuskennzeichen (SES) einzurichten, das den Bearbeitungsfortschritt bei der Stücklistenerstellung beschreibt. Die Bereitstellung der Konstruktionsergebnisse wird durch Umsetzen des Stücklistenerstellungs-Statuskennzeichens (SES) auf den Zustand 2 quittiert. Die Weitergabe der Stücklisten an die konstruktionsinterne Kontroll- und Freigabestelle kann EDV-gestützt durch die Übersendung einer Nachricht von einem PPS- bzw. CAD-Arbeitsplatz zu einem anderen gesteuert werden. Werden allerdings Zeichnungen in größeren Formaten für die Kontrolle bereitgestellt, ist es vorteilhafter, auf eine EDV-technische Bereitstellung der Stücklisten zu verzichten. Hier ist die Weitergabe der Papiervorlagen effizienter, da aufgrund der Komplexität der Zeichnungsinhalte eine Kontrolle am Bildschirm nur schwer möglich ist. Abhilfe könnten hier zukünftig Großbildschirme leisten.

Die konstruktionsinterne Kontrolle der Stücklisten und Zeichnungen beinhaltet bei Variantenkonstruktionen die nochmalige Überprüfung der Umsetzung der Kundenspezifikationen in Variantenparameterwerte. Etwaige Mängel bedeuten hier, wie bereits ausgeführt, daß die erstellten Stücklisten und Zeichnungen gelöscht und, auf Basis der korrigierten Variantenparameterwerte, erneut Stücklisten und Zeichnungen generiert werden. Rückweisungen quittiert die konstruktionsinterne Kontrolle durch Umsetzen des Stücklistenerstellungs-Statuskennzeichens (SES) auf den Zustand 7. Gleichzeitig wird selbsttätig KWS auf den Zustand 1 gesetzt. Der Zustand 7 des Stücklistenerstellungs-Statuskennzeichens (SES) erlaubt keine Änderung oder Wiederverwendung. Dies ist erforderlich, da Konstruktionsergebnisse, die auf der Basis unkorrekter Variantenparameter generiert wurden, nur durch Korrektur der Variantenparameterwerte und erneuter Generierung auf Basis der Variantenprogramme geändert werden dürfen. Deshalb sind die mangelbehafteten Stücklisten und Zeichnungen zu löschen. Die logische Folge und die gegenseitigen Abhängigkeiten der einzelnen Statuskennzeichenzustände sind in Form eines Programmnetzes gemäß DIN 66001 (1983, S. 15) im Anhang (vgl. A 1, Abbildung A 1.3) dokumentiert. Dem Programmnetz wurde die Maßvariantenkonstruktion zugrunde gelegt. Eine Erläuterung der Statuskennzeichenzustände befindet sich ebenfalls im Anhang (vgl. A 2).

Wie bereits eingangs bemerkt, müssen bei Anforderungsprofil C, wenn auch in geringem Umfang, kundenspezifische Sonderkonstruktionen vorgenommen werden, um spezielle Kundenwünsche, die sich mit Hilfe der Variantenprogramme nicht realisieren lassen, zu befriedigen. Darüber hinaus spielen kundenanonyme Entwicklungen bei Anforderungsprofil C eine wichtige Rolle. Die Stücklistenerstellung bei kundenspezifischen Sonderkonstruktionen entspricht von seinen Anforderungen weitgehend denen des Profils A. Daher kann auf den für Anforderungsprofil A entwickelten Gestaltungsvorschlag für Sonderkonstruktionen mit einer Abweichung zurückgegriffen werden. Im Gegensatz zu Anforderungsprofil A muß die Konstruktion bei der Verwendung neuer Zukaufteile zunächst mit der Normenstelle Rücksprache aufnehmen, da diese prüfen muß, ob alle Möglichkeiten des Einsatzes von Wiederverwendungsteilen ausgeschöpft wurden.

Die Anforderungen seitens der kundenanonymen Entwicklungen decken sich weitgehend mit den Anforderungen von Profil D. Die Organisation der Stücklistenerstellung kann daher in Analogie zu dem für Anforderungsprofil D (vgl. Kapitel 7.4) entwickelten Vorschlag gestaltet werden. Für Maßvarianten beinhaltet die kundenanonyme Entwicklung eine Ergänzung oder Überarbeitung eines vorhandenen bzw. die Generierung eines neuen Variantenprogramms in CAD. Bei Montagevarianten sind dagegen unter Berücksichtigung der geforderten Kombinationsmöglichkeiten neue Stücklisten auf Basis von Gruppen-Zeichnungen in CAD zu erstellen. Diese Stücklisten werden nach der Übertragung von CAD nach PPS in ein vorhandenes Variantenprogramm eingebunden oder mit anderen Stücklisten zu einem neuen Variantenprogramm verarbeitet.

## 7.3.2 Stücklistenweiterbearbeitung

Abhängig davon, ob es sich um Montage- oder Maßvarianten handelt, ist die Weiterbearbeitung von Stücklisten, die auf Basis von Variantenprogrammen erstellt wurden, differenziert zu betrachten. Stücklisten zu Maßvarianten werden in CAD erstellt und müssen zur Weiterbearbeitung nach PPS übertragen werden. Mit der Freigabe der Stücklisten und technischen Teilestammsätze durch die Konstruktion und das Umsetzen des Stücklistenerstellungs-Statuskennzeichens (SES) auf den Zustand 3 sollte selbsttätig die Übertragung erfolgen. Eine Rücksetzung von KWS auf den Zustand 0 kann bei Maßvarianten entfallen, da alle rückgewiesenen Stücklisten und technischen Teilestammsätze nicht überarbeitet, sondern ersetzt werden (vgl. Kapitel 7.3.1). Aufgrund des Standardisierungsgrades der Konstruktionen und der programmgestützten Stücklistenerstellung bzw. Teilestammsatzanlage sind Inkonsistenzen in den übertragenen Daten weitgehend ausgeschlossen. Daher spielen Rückweisungen von Stücklisten und technischen Teilestammsätzen an die Konstruktion, die durch die Plausibilitäts- und Konsistenzkontrolle beim Einlesen der Daten in PPS angestoßen werden, bei Stücklisten für Maßvarianten eine untergeordnete Rolle.

Die Ergänzung der Teilestammsätze kann automatisch erfolgen, da den neuen Teilen und Gruppen Variantengrundtypen zugrunde liegen, für die die Teilestammergänzungen bereits im Rahmen der Anlage des Variantenprogramms vorgenommen wurden. Voraussetzung dazu ist das Führen der Identnummer der Grundtypen in den an PPS übergebenen technischen Teilestammsätzen. Die Zuordnung der Rohmaterialien entfällt im Rahmen der Kundenauftragsabwicklung, da bei Maßvarianten, wie bereits in Kapitel 7.3.1 ausgeführt, auf bekannte Strukturen zurückgegriffen wird. Mit Abschluß der Teilestammergänzungen muß wiederum selbsttätig in PPS eine Nachricht an die Arbeitsplätze von Arbeitsplanung und Mengenplanung überstellt werden, die diese Bereiche über die Bereitstellung der Stücklisten und Teilestammsätze für die Weiterverarbeitung informiert. Ebenso muß mit Abschluß der Teilestammergänzungen das Stücklistenweiterbearbeitungs-Statuskennzeichen (SWS), das in PPS den Bearbeitungsfortschritt von Stückliste und Teilestammsatz beschreibt, auf den Zustand 10 umgesetzt werden (vgl. Abbildung A 1.3).

Stücklisten zu Montagevarianten werden in PPS erstellt. Eine Übertragung von CAD nach PPS erübrigt sich. Da hier auf bekannte Teile und Gruppen zurückgegriffen wird, ist eine Teilestammergänzung nicht erforderlich. Die Strukturgenerierung basiert weitgehend auf der kundenauftragsspezifischen Kombination von Gruppen. Eine Kombination auf Teileebene ist mit Ausnahme von Zukaufteilen in der Praxis aufgrund der Komplexität der Erzeugnisse unüblich. Damit liegt die Zuordnung der Rohmaterialien ebenfalls fest. Mit Abschluß der Erstellung stehen die Stücklisten zur Weiterverarbeitung bereit. Zur Steuerung der Weitergabe der Stücklisten von der Konstruktion an die Arbeitsplanung und Mengenplanung muß mit der Freigabe der Stücklisten in der Konstruktion eine Nachricht an die genannten Bereiche über die Bereitstellung der Stücklisten für die Weiterverarbeitung übermittelt werden. Mit Umsetzen des Stücklistenerstellungs-Statuskennzeichens (SES) auf den Zustand 3, der die Freigabe der Stücklisten durch die Konstruktion beschreibt, sollte eine entsprechende Nachricht mit einem Standardtext an den PPS-Arbeitsplätzen in Arbeitsplanung und Mengenplanung vorliegen.

Neben Variantenkonstruktionen sind bei Anforderungsprofil C, wenn auch in geringem Umfang, Sonderkonstruktionen vorzunehmen. Die Erzeugnisstandardisierung zielt bei Anforderungsprofil C auf die Gewährleistung der Teilewiederverwendung. Um dieser Forderung zu entsprechen, muß eine explizite Kontrolle im Hinblick auf den Einsatz von Wiederverwendungsteilen durch eine unabhängige Stelle erfolgen. Diese Aufgabe könnte beispielsweise von einer Normenstelle übernommen werden.

Nach der konstruktionsinternen Kontrolle und Freigabe müssen die Stücklisten, technischen Teilestammsätze und Zeichnungen an die Normenstelle weitergeleitet werden. Vor dem Hintergrund möglicher Rückkopplungen zwischen Konstruktion und Normenstelle sollte diese Weitergabe der Konstruktionsergebnisse in CAD erfolgen. Die organisatorischen Regelungen für eine Abweisung von Konstruktionsergebnissen sind damit nur in CAD, nicht aber systemübergreifend auch in PPS abzubilden. Ähnlich wie für die Stücklistenerstellung entwickelt, muß auch die Weitergabe der Konstruktionsergebnisse von der Konstruktion an die Normenstelle über das Umsetzen des Stücklistenerstellungs-Statuskennzeichens (SES) gesteuert werden. Dazu quittiert die konstruktionsinterne Kontrolle die Freigabe der kontrollierten Stücklisten und technischen Teilestammsätze für die Normenstelle durch Umsetzen von SES auf den Zustand 3. Aufgrund der Komplexität der Konstruktionsergebnisse, insbesondere der Zeichnungen, ist eine Kontrolle auf Basis von Papiervorlagen gegenüber einer Kontrolle am Bildschirm vorteilhafter. Daher sind die Konstruktionsergebnisse in Form von Papiervorlagen an die Normenstelle weiterzuleiten.

Das Ergebnis der Kontrolle durch die Normenstelle muß diese in CAD durch das Umsetzen des Stücklistenerstellungs-Statuskennzeichens (SES) quittieren. Die Regelungen entsprechen denen der konstruktionsinternen Kontrolle und Freigabe, wie sie für Anforderungsprofil A in Kapitel 7.1.1 aufgezeigt sind. Rückweisungen werden durch Umsetzen von SES auf den Zustand 4, Freigaben durch Umsetzen von SES auf den Zustand 31 quittiert. Zur Identifizierung der rückweisenden Stelle ist auch hier ein spezielles Statuskennzeichen einzuführen. Dieses wird nachfolgend mit dem mnemotechnischen Ausdruck NWS belegt. Gleichzeitig mit dem Umsetzen des Stücklistenerstellungs-Statuskennzeichens (SES) durch die Normenstelle auf den Zustand 4 wird NWS auf den Zustand 1 gesetzt. Mit der Freigabe der Stücklisten und technischen Teilestammsätze wird NWS selbsttätig auf den Zustand 0 rückgesetzt, da die der Freigabe vorangegangenen Beanstandungen gegenstandslos geworden sind. Die logische Folge und gegenseitigen Abhängigkeiten der einzelnen Statuskennzeichenzustände für Sonderkonstruktionen bei Profil C sind in Form eines Programmnetzes gemäß DIN 66001 (1983, S. 15) im Anhang (vgl. A 1, Abbildung A 1.4) dokumentiert.

Die sich an die Freigabe durch die Normenstelle anschließende Übertragung der Stücklisten und technischen Teilestammsätze gleicht dem für Anforderungsprofil A entwickelten Gestaltungsvorschlag (vgl. Kapitel 7.1.2). Abweichend davon muß allerdings mit der erfolgreichen Übertragung eine Nachricht an die nachgelagerte Arbeitsplanung über die Bereitstellung der Stücklisten und technischen Teilestammsätze für die Weiterbearbeitung übermittelt werden. Die sich an die Übertragung anschließende Weiterbearbeitung der Stücklisten und technischen Teilestammsätze stellt mit Anforderungsprofil B vergleichbare Anforderungen. Auch bei Anforderungsprofil B ist eine explizite Kontrolle der neuen Fertigungsteile hinsichtlich der Fertigungsgerechtheit erforderlich.

Die Organisation der sich an die Übertragung anschließenden Weiterbearbeitung der Stücklisten und technischen Teilestammsätze kann daher in Analogie zu dem für Anforderungsprofil B (vgl. Kapitel 7.2.2) entwikkelten Vorschlag gestaltet werden. Die Struktur des grundsätzlichen Ablaufs der Stücklistenerstellung und -weiterbearbeitung für Anforderungsprofil C zeigt Abbildung 7.8.

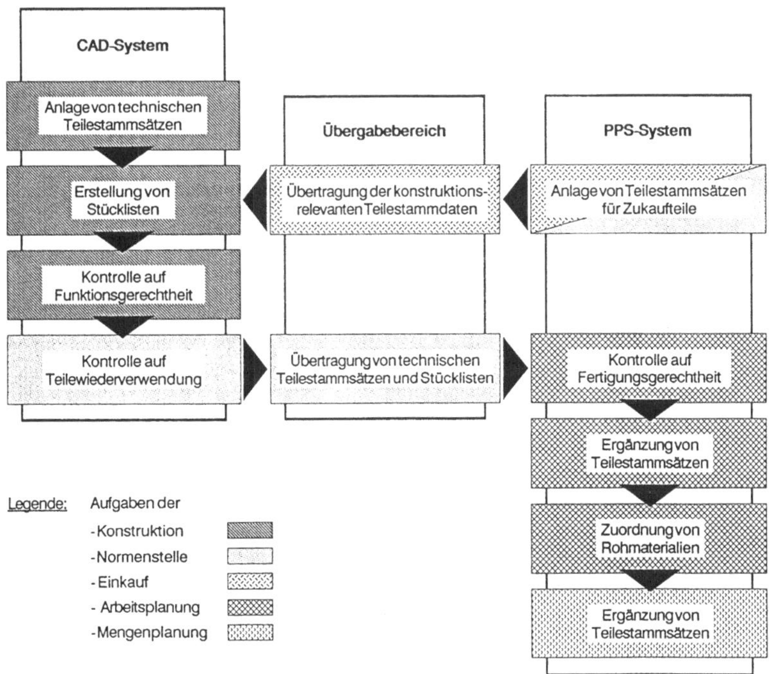


Abb. 7.8: Grundsätzliche Ablaufstruktur der Stücklistenerstellung und -weiterbearbeitung für Anforderungsprofil C

Wie bereits in Kapitel 7.3.1 aufgezeigt, beinhalten kundenanonyme Entwicklungen bei Anforderungsprofil C insbesondere die Ergänzung oder Überarbeitung bzw. die Generierung neuer Variantenprogramme. Kundenanonyme Entwicklungen sind charakteristisch für Anforderungsprofil D. Grundsätzlich stimmen die Anforderungen von Profil C mit denen von Profil D überein. Für Maßvarianten kann daher auf den in Kapitel 7.4.2

aufgezeigten Gestaltungsvorschlag zurückgegriffen werden. Abweichend von dem für Anforderungsprofil D entwickelten Gestaltungsvorschlag ergibt sich für Montagevarianten die Notwendigkeit, daß nach der Übertragung der Stücklisten von CAD nach PPS die Konstruktion die Stücklisten in ein vorhandenes Variantenprogramm einbinden oder mit anderen Stücklisten zu einem neuen Variantenprogramm verarbeiten muß. Erst im Anschluß daran kann die eigentliche Weiterbearbeitung der Stücklisten durch die der Konstruktion nachgelagerten Bereiche erfolgen. Grundlage der Weiterbearbeitung muß sowohl für Maß- wie für Montagevarianten das gesamte Spektrum der neuen Varianten sein, um sicherzustellen, daß die Teilestammsatzergänzungen und Rohmaterialzuordnungen für alle möglichen Dimensionierungen bzw. Kombinationen gültig sind.

### 7.3.3 Änderungswesen

Korrekturen an Teilen und Gruppen aufgrund konstruktiver Mängel sind, wenn auch eingeschränkt auf die kundenspezifischen Sonderkonstruktionen, für Anforderungsprofil C bedeutsam. Die Organisation der Abwicklung dieser Mangeländerungen kann in Analogie zu dem für Anforderungsprofil A entwickelten Vorschlag gestaltet werden (vgl. Kapitel 7.1.3), da die Anforderungen von Profil C bezüglich Mangeländerungen grundsätzlich mit denen von Anforderungsprofil A übereinstimmen. Wenn auch konstruktive Mängel bei Variantenkonstruktionen nicht vorkommen sollten, können sie dennoch nicht ausgeschlossen werden. Wie Abbildung A 1.3 am Beispiel der Maßvarianten zeigt, ist mit der Sperrung der betreffenden Teile und Gruppen durch Umsetzen des Mangelsperr-Statuskennzeichens (MAS) auf den Zustand 1 das Stücklistenerstellungs-Statuskennzeichen (SES) auf den Zustand 7 und das Stücklistenweiterbearbeitungs-Statuskennzeichen (SWS) auf den Zustand 12 umzusetzen. Damit sind eine Änderung, Wiederverwendung oder Weiterbearbeitung der gekennzeichneten Stücklisten und Teilestammsätze ausgeschlossen. Gleichzeitig sind die betreffenden Datensätze für die Löschung bereitgestellt. Dies ist erforderlich, da die Ursachen der Mängel in den Variantenprogrammen liegen und dementsprechend zur Korrektur der Mängel die betreffenden Variantenprogramme geändert werden müssen und keine Überarbeitung der Konstruktionsdokumente erfolgen darf.

Neben Mangeländerungen ist die Überarbeitung von Teilen und Gruppen mit dem Ziel der Kostenoptimierung für Anforderungsprofil C charakteristisch. Derartige Erzeugnisoptimierungen werden nur an Standardkonstruktionen vorgenommen. Die Anforderungen von Profil C an die Organisation der Abwicklung von Erzeugnisoptimierungen stimmen weitgehend mit denen von Anforderungsprofil D überein. Daher kann die für Anforderungsprofil D entwickelte Organisation grundsätzlich für Profil C übernommen werden. Abweichungen ergeben sich jedoch aufgrund der Verwendung von Variantenprogrammen.

Grundsätzlich stellen sich Änderungen in Erzeugnissen, deren Stücklisten auf Basis von Variantenprogrammen erstellt wurden, aufgrund der gegenseitigen Abhängigkeiten der Teile und Gruppen gegenüber Standarderzeugnissen ohne Varianten als komplexeres Vorhaben dar. Die Verträglichkeit einer Änderung muß in allen möglichen Varianten überprüft werden. Dies stellt vor allem an die mit den Änderungen beauftragten Personen hohe Qualifikationsanforderungen. Bei Verwendung von Maßvarianten müssen ggf. in der Arbeitsplanung eingesetzte Variantenprogramme für NC-Programmierung und Arbeitsplanung ebenfalls geändert werden. Der in Kapitel 7.4.3 für Anforderungsprofil D entwickelte Gestaltungsvorschlag läßt sich unter Berücksichtigung dieser Besonderheiten übertragen.

Ausgangspunkt der Änderungen muß ein Teileverwendungsnachweis sein. Für Montagevarianten muß dieser in PPS vorgenommen werden, um sowohl die Verwendung des zu ändernden Teils in allen Gruppen zu erhalten als auch mit Hilfe der Kombinationsmöglichkeiten alle Teile zu finden, die möglicherweise mit dem zu ändernden Teil in Verbindung stehen. Darüber hinaus muß ein Teileverwendungsnachweis in CAD vorgenommen werden, um auch Verwendungen des zu ändernden Teils in noch in Entwicklung befindlichen Gruppen und Erzeugnissen zu erfassen. Für Maßvarianten, bei denen die Stücklisten in CAD erstellt werden, ist der Teileverwendungsnachweis in CAD vorzunehmen.

Bei Maßvarianten sind mit dem Teileverwendungsnachweis auch die zugehörigen Zeichnungen im Zugriff. Dagegen muß bei Montagevarianten eine komfortable Möglichkeit des Zugriffs auf die erforderlichen Zeichnungen auf Basis der Ergebnisse des Teileverwendungsnachweises geschaffen werden. Zu fordern ist für Montagevarianten die Einbeziehung der Zeichnungsverwaltung in die Verwaltung der technischen Teilestammsätze.

Wie auch für Anforderungsprofil D zu fordern, dürfen Änderungen nur in Kopien der zu ändernden Zeichnungen, Stücklisten und Teilestammsätzen möglich sein. Von Vorteil ist das Führen eines Änderungsstandkennzeichens, insbesondere bei Änderungen, bei denen das Ausgangsteil in allen Verwendungen ersetzt werden kann. Allerdings kann dies nicht mit Hilfe eines Statuskennzeichens erfolgen, da zur EDV-technischen Verwaltung der Datensätze ein eindeutiger Identbegriff erforderlich ist. Die Ergänzung der Identnummer durch ein nicht zum Identbegriff gehörendes und damit deskriptives Statuskennzeichen ist nicht ausreichend. Vielmehr muß hier ein Teil der Identnummer für die Kennzeichnung des Änderungsstandes reserviert werden. Bei der Kopie der entsprechenden Dokumente und Datensätze ist zu klären, ob eine neue Identnummer vergeben oder das Änderungskennzeichen erhöht werden soll. Für den Fall, daß sich eine Änderung im nachhinein nicht als ersetzende, sondern als ergänzende Änderung darstellt, muß in CAD die Möglichkeit des nachträglichen Austauschs der Identnummer und die Rücksetzung des Änderungsstandkennzeichens bestehen.

Gleichzeitig sind alle von den Änderungen betroffenen Teile und Gruppen für eine Wiederverwendung zu sperren. Verhindert werden muß eine Wiederverwendung von in Änderung befindlichen Teilen und Gruppen. Die Wiederverwendung würde die ohnehin bereits aufwendige Änderung noch komplexer machen. Eine Wiederverwendung von in Änderung befindlichen Teilen und Gruppen kann durch eine Sperrung ausgeschlossen werden. Hierzu ist ein spezielles Statuskennzeichen einzuführen, nachfolgend Erzeugnisoptimierungssperr-Statuskennzeichen genannt und mit dem mnemotechnischen Ausdruck EOS belegt. Die Sperrung der betroffenen Datensätze wird durch Umsetzen von EOS auf den Zustand 1 angestoßen. Ist EOS auf den Zustand 1 gesetzt, wird in CAD das Stücklistenerstellungs-Statuskennzeichen SES auf den Zustand 6 umgesetzt. Damit können in CAD die betreffenden Stücklisten bzw. technischen Teilestammsätze weder wiederverwendet noch geändert werden. Gleichzeitig sind die Datensätze zur Archivierung bereitgestellt. Zudem wird mit dem Umsetzen von EOS auf den Zustand 1 die Durchführung der Änderung in der Konstruktion angestoßen. In PPS darf keine Sperrung erfolgen, da parallel zur Änderungsdurchführung die betreffenden Gruppen bzw. Teile gefertigt werden. Erst zu einem späteren Zeitpunkt erfolgt der Auslauf der Ausgangsgruppen bzw. -teile und der Einlauf der geänderten Gruppen bzw. Teile in die Fertigung. Zu diesem Zeitpunkt müssen die geänderten Stücklisten und Teilestammsätze in PPS zunächst gesperrt und anschließend archiviert werden. Diese Sperrung wird durch Umsetzen des Stücklistenweiterbearbeitungs-Statuskennzeichens (SWS) auf den Zustand 11 vollzogen. Diese Statuskennzeichenfolge entspricht der von Anforderungsprofil D und ist im Anhang (vgl. A 1, Abbildung A 1.5) dokumentiert. Bestandteil der Änderung muß auch eine Beschreibung des speziellen Vorgangs sein. Diese Änderungsbeschreibung muß zusammen mit den geänderten Dokumenten und Datensätzen abgelegt werden. Damit lassen sich die durchgeführten Änderungen zu einem späteren Zeitpunkt leichter nachvollziehen.

Ein wesentlicher Unterschied zu Anforderungsprofil D liegt in den vorzunehmenden Kontrollen. Während bei Anforderungsprofil D durch das CAD-Datenmodell die Durchführung der Änderungen in allen Verwendungen sichergestellt werden kann, ist dies hier im Rahmen der Kontrollen explizit zu überprüfen. Aus diesem Grund muß von der mit den Kontrollen beauftragten Stelle, sei es konstruktionsintern oder von der Normenstelle, zunächst der vorgenommene Teileverwendungsnachweis auf die vollständige Abbildung der Änderungsproblematik kontrolliert werden. Bei Variantenkonstruktionen muß zudem aufgrund der vielfältigen gegenseitigen Abhängigkeiten zwischen Teilen und Gruppen vor der eigentlichen Kontrolle der geänderten Zeichnungen, Stücklisten und technischen Teilestammsätze überprüft werden, ob alle Randbedingungen bei der Änderung berücksichtigt wurden. Zu verhindern sind Änderungen, die auf die betrachteten Randbedingungen bezogen zwar korrekt ausgeführt wurden, aber insgesamt betrachtet Unverträglichkeiten bei der Kombination einzelner Gruppen bewirken.

Die Abwicklung der Änderungen kann sich bei Anforderungsprofil C nicht an der Organisation für die Stücklistenerstellung auf Basis der Variantenprogramme orientieren. Bei Änderungen ist im Gegensatz zur Variantenkonstruktion eine manuelle Stücklistenweiterbearbeitung durch die nachgelagerten Bereiche erforderlich. Dabei muß geprüft werden, ob die Teilestammergänzungen und Rohmaterialzuordnungen, die für die betreffenden Teile und Gruppen, bei Maßvarianten für die Variantengrundtypen, vorgenommen wurden, noch gültig sind. Für den Fall der Ungültigkeit sind entsprechende Korrekturen vorzunehmen. Die Abwicklung der Änderungen muß sich vielmehr an der für die Sonderkonstruktionen entwickelten Organisationsform orientieren.

### 7.3.4 Recherche

Bei Standarderzeugnissen mit kundenspezifischen Varianten beschränken sich die Sonderkonstruktionen zur Befriedigung der Kundenspezifikationen auf wenige Funktionseinheiten, meist Gruppen niedriger Ordnung, die kundenspezifisch angepaßt werden müssen. Im Mittelpunkt der Recherche stehen im Rahmen der Kundenauftragsabwicklung neben Gruppen niedriger Ordnung insbesondere Teile. Die Bedeutung der Recherche ist für Anforderungsprofil C sehr hoch, da die Erzeugnisstandardisierung auf die Gewährleistung der Teilewiederverwendung zielt. Dies wird durch die Normenstelle explizit kontrolliert. Neben der Konstruktion muß daher auch die Normenstelle die Möglichkeit des Zugriffs auf die Recherchefunktion haben.

Kundenanonyme Entwicklungen beschränken sich nicht auf einzelne Funktionseinheiten der Erzeugnisse, sondern können bei Neuentwicklungen auch ganze Erzeugnisse umfassen. Zur Unterstützung der Entwicklungen muß die Recherchefunktion auch die Möglichkeit der Suche nach Gruppen mittlerer und höherer Ordnung beinhalten. Damit entsprechen die Anforderungen des Profil C denen des Profil B. Die Gestaltung der Organisation hinsichtlich der Recherche kann sich daher an dem für Anforderungsprofil B entwickelten Vorschlag orientieren, wie sie in Kapitel 7.2.4 beschrieben ist.

Auch bei Anforderungsprofil C sollte die Konstruktion auf die Grund- und Bewegungsdaten des PPS-Systems zurückgreifen können, um sich beispielsweise über die verfügbaren Rohmaterialien zu einem bestimmten Werkstoff zu informieren. Bestandsdaten spielen im Gegensatz zu Anforderungsprofil A und B bei Profil C aufgrund des geringen Umfangs an kundenspezifischen Sonderkonstruktionen eine untergeordnete Bedeutung. Grundsätzlich sollte aber auch bei Anforderungsprofil C die Möglichkeit des Nachrichtenaustauschs zwischen CAD- und PPS-Arbeitsplätzen zum Zweck der Kontaktaufnahme zwischen Konstruktion und Mengenplanung mit dem Ziel der Abstimmung von Vorabdispositionen genutzt werden.

## 7.4 Gestaltungsvorschläge für Anforderungsprofil D

### 7.4.1 Stücklistenerstellung

Die Stücklistenerstellung erfolgt bei Anforderungsprofil D vorwiegend auf Basis von Gruppen-Zeichnungen. Die kundenanonyme Entwicklung von Erzeugnissen steht hier im Mittelpunkt der Konstruktion. Kennzeichnend für diese Erzeugnisentwicklung ist das mehrfache Überarbeiten der Konstruktionsergebnisse mit dem Ziel der Optimierung des Erzeugnisses unter Funktions- und Leistungs- sowie Kostenaspekten. Neben der Konstruktion sind die der Konstruktion nachgelagerten, planenden Bereiche in diesen Prozeß der Optimierung einbezogen. Wesentliches Kennzeichen der Erzeugnisentwicklung bezüglich der CAD/PPS-Kopplung ist der geringe Anteil der Stücklistenerstellung an den Tätigkeiten der Konstruktion. HEPTING (1988, S. 5) nennt hierfür einen Wert von 2%.

Vor diesem Hintergrund erscheint das Potential für eine Effizienzsteigerung bei der Stücklistenerstellung gering und die positive Beeinflussung der Auftragsabwicklung in der Konstruktion hin zu kürzeren Durchlaufzeiten durch eine komfortable Stücklistenerstellung kaum möglich. Eine aufwendige Unterstützung der Stücklistenerstellung in der Konstruktion kann, oberflächlich betrachtet, nicht gerechtfertigt werden. Das Kopieren und Editieren von Stücklisten wäre demnach als die geeignete Methode der Stücklistenerstellung bei Anforderungsprofil D anzusehen, obwohl die Stücklisten auf Basis der Gruppen-Zeichnungen erstellt werden.

Kennzeichnend für die kundenanonyme Entwicklung von Erzeugnissen ist jedoch auch der nicht unerhebliche Umfang an Änderungen in Zeichnungen und den zugehörigen Stücklisten, der sowohl bei der eigentlichen Erzeugnisentwicklung im Rahmen der Überarbeitung der Konstruktionsergebnisse anfällt, als auch das Änderungswesen charakterisiert. Zudem zielt die Erzeugnisstandardisierung auf einen Austausch der geänderten Teile in allen Verwendungen. Dies ist in allen Zeichnungen und Stücklisten zu gewährleisten. Werden diese Merkmale der kundenanonymen Entwicklung von Erzeugnissen in die Überlegungen einbezogen, gewinnt eine Stücklistenerstellung in CAD auf Basis der Gruppen-Zeichnungen an Bedeutung. Vor dem aufgezeigten Hintergrund muß ein komfortabler Teileverwendungsnachweis in CAD mit direktem Zugriff auf die relevanten Zeichnungen und insbesondere eine komfortable Unterstützung beim Austausch von Teilen und Gruppen über alle Verwendungen hinweg in Zeichnung und Stückliste gefordert werden.

Zur Befriedigung dieser Forderungen ist ein CAD-System notwendig, das Gruppen-Zeichnungen aus den entsprechenden Ansichten der enthaltenen Teile und Gruppen niedrigerer Ordnung assembliert. Für jedes in der Gruppen-Zeichnung enthaltene Teil oder Gruppe ist in einer Art Struktursatz beispielsweise die verwendete Ansicht, Angaben zur Translation, Rotation oder Zeichnungsebene der Ansicht, jeweils bezogen auf die einzelnen Ansichten der dargestellten Gruppe abgelegt, wie Abbildung 7.9 verdeutlicht.

Den Vorteilen dieses CAD-Datenmodells stehen allerdings auch prinzipbedingte Nachteile gegenüber. Aufgrund des Rückgriffs auf die Teile-Zeichnungen für die Gruppen-Zeichnungen sind mit der Änderung der Teile-Zeichnung auch die Gruppen-Zeichnungen geändert. Werden Teile irrtümlich oder fehlerhaft geändert, ist der Fehler in allen Gruppen-Zeichnungen und damit auch allen Stücklisten, in denen das Teil verwendet wird, enthalten.

Hier sind geeignete Maßnahmen zu entwickeln und in CAD abzubilden. An dieser Stelle sei diesbezüglich auch auf Kapitel 7.4.3, in dem der Gestaltungsvorschlag für das Änderungswesen für Anforderungsprofil D entwickelt wird, verwiesen. Für Entwicklungen muß in CAD ein Versuchsdatenbestand eingerichtet werden, in dem Änderungen an Teilen und Gruppen ohne die Konsequenz des automatischen Nachvollziehens in allen Verwendungen möglich sind. Insbesondere zu Beginn der Erzeugnisentwicklung, bei der zunächst die Funktionserfüllung und die Erreichung der geforderten Leistungen im Mittelpunkt stehen, muß die Möglichkeit der Modifikation von Teilen ohne Konsequenzen in den übrigen Verwendungen bestehen. Bei Änderungen an einem Teil darf aber nicht der Bezug zu dem Ausgangsteil verloren gehen. Mit dem Bezug zu dem Ausgangsteil muß sichergestellt werden, daß zu einem späteren Zeitpunkt die Möglichkeit besteht, das Ausgangsteil in allen Verwendungen durch die neue Ausführung zu ersetzen und damit dem Ziel der Erzeugnisstandardisierung bei Anforderungsprofil D gerecht zu werden.

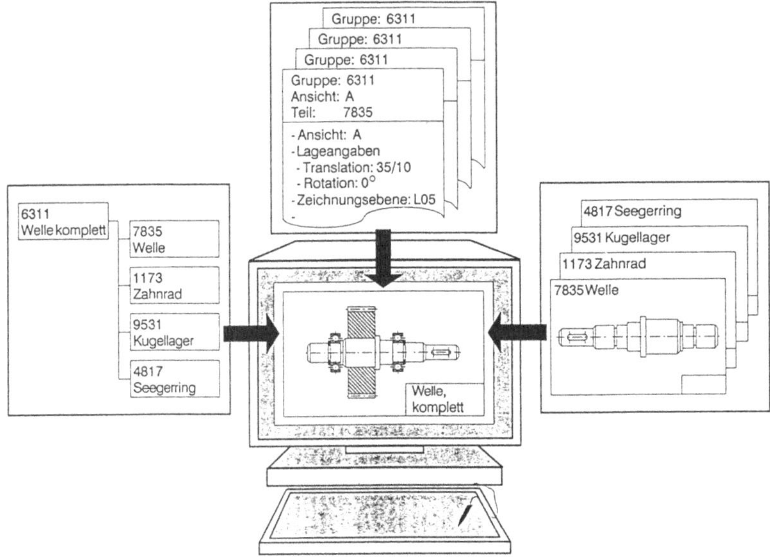


Abb. 7.9: Assemblieren von Gruppen-Zeichnungen aus Einzelteilansichten

Grundsätzlich kann die Organisation der Stücklistenerstellung bei Anforderungsprofil D in Analogie zu dem für Anforderungsprofil A entwickelten Vorschlag gestaltet werden, da auch hier eine zeichnungsorientierte Ablaufstruktur in der Konstruktion vorliegt. Zusätzliche Forderungen an die EDV-Unterstützung ergeben sich aus dem Entwicklungscharakter der Konstruktion bei Anforderungsprofil D. Hier muß die Möglichkeit der Verwaltung von alternativen Konstruktionen als Zeichnungen,

Stücklisten und technische Teilestammsätze bestehen, um eine vergleichende Bewertung vornehmen zu können. Darüber hinaus muß aufgrund der mehrfachen Überarbeitung der Konstruktionsergebnisse die Möglichkeit der Kennzeichnung des Entwicklungsstandes in allen zugehörigen Dokumenten und Datensätzen einheitlich und durchgängig bestehen. Da die EDV-technische Verwaltung der die Konstruktionsergebnisse repräsentierenden Datensätze einen eindeutigen Identbegriff fordert, kann der Entwicklungsstand nicht mit Hilfe eines deskriptiven Statuskennzeichens beschrieben werden. Vielmehr ist ein Teil der Identnummer hierfür zu reservieren. Stücklisten, technische Teilestammsätze und Zeichnungen zu verschiedenen Entwicklungsständen sind in CAD parallel zu verwalten, damit jederzeit die Möglichkeit des Rückgriffs auf diese Dokumente und Datensätze besteht.

Wie bereits für Anforderungsprofil C aufgezeigt, muß im Gegensatz zu Anforderungsprofil A die Konstruktion bei der Verwendung neuer Zukaufteile zunächst mit der Normenstelle Rücksprache nehmen, die für die Gewährleistung der Teilewiederverwendung verantwortlich ist. Diese muß von der Anlage eines Teilestammsatzes für das geforderte Zukaufteil durch den Einkauf prüfen, ob alle Möglichkeiten des Einsatzes eines Wiederverwendungsteiles ausgeschöpft wurden.

### 7.4.2 Stücklistenweiterbearbeitung

Kennzeichnend für die Stücklistenweiterbearbeitung ist wie für die Stücklistenerstellung die Optimierung des Erzeugnisses und die damit verbundene mehrfache Überarbeitung der zugehörigen Dokumente und Datensätze. Grundsätzlich können im Hinblick auf die CAD/PPS-Kopplung drei Phasen der Stücklistenweiterbearbeitung unterschieden werden. Die erste Phase beinhaltet eine zunächst nur auf die konstruktive Optimierung ausgerichtete Stücklistenweiterbearbeitung. Zielsetzungen dieser Phase sind die Erfüllung der funktionalen und leistungsbezogenen Anforderungen, die Gewährleistung der Teilewiederverwendung und die Sicherung der Fertigungsgerechtheit. Die Fertigungsgerechtheit umfaßt die Eignung für Teilefertigung, Montage und Qualitätssicherung. Diese konstruktive Optimierung erfolgt zwischen den Bereichen Konstruktion, Normenstelle und

Arbeitsplanung. Da dabei noch keine Ergänzung der Teilestammsätze und keine Zuordnung von Rohmaterialien vorgenommen werden, ist eine Übertragung der Stücklisten und technischen Teilestammsätze von CAD nach PPS nicht erforderlich, wie Abbildung 7.10 verdeutlicht. Dargestellt ist die Struktur des grundsätzlichen Ablaufs der Stücklistenerstellung und -weiterbearbeitung.

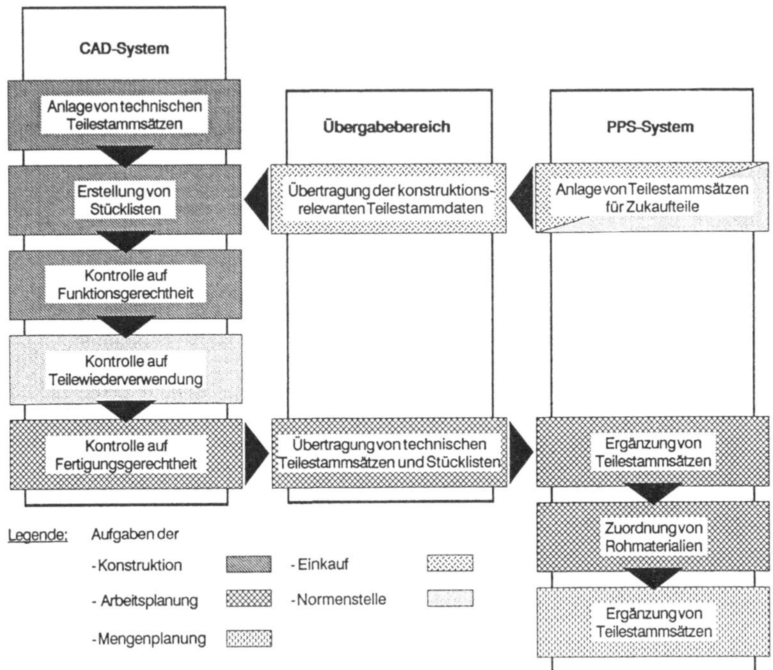


Abb. 7.10: Grundsätzliche Ablaufstruktur der Stücklistenerstellung und -weiterbearbeitung für Anforderungsprofil D

In CAD müssen zur Steuerung und Verfolgung der einzelnen Bearbeitungsschritte ein Stücklistenerstellungs-Statuskennzeichen (SES) eingerichtet sowie die Möglichkeit des Nachrichtenaustauschs von einem CAD-Arbeitsplatz an einen anderen gegeben sein. Zudem muß die Normenstelle, aber auch die Arbeitsplanung, die in der Praxis in der Regel auf PPS zurückgreift, auch das CAD-System nutzen können und über entsprechende

Arbeitsplätze verfügen. Zur Kontrolle der Konstruktionsergebnisse hinsichtlich der Teilewiederverwendung und Fertigungsgerechtheit ist allerdings für die Normenstelle und die Arbeitsplanung kein CAD-Arbeitsplatz in der vollen Funktionalität, wie er in der Konstruktion zu finden ist, erforderlich. Ein graphikfähiger PPS-Bildschirm mit der Möglichkeit der Emulation des CAD-Systems und ggf. eine angepaßte CAD-Benutzeroberfläche sind dazu ausreichend. Die Quittierung der Freigabe bzw. Rückweisung von Stückliste und technischen Teilestammsätzen durch die Normenstelle erfolgt in der für Anforderungsprofil C beschriebenen Weise (vgl. Kapitel 7.3.2). Die Arbeitsplanung quittiert die Kontrollergebnisse ebenfalls in dieser Weise. Die einzelnen Statuskennzeichenzustände für die Erzeugnisentwicklung bei Anforderungsprofil D sind in ihrer logischen Folge und gegenseitigen Abhängigkeiten in Form eines Programmnetzes gemäß DIN 66001 (1983, S. 15) im Anhang dokumentiert (vgl. A.1, Abbbildung A 1.5). Eine Erläuterung der Statuskennzeichenzustände befindet sich ebenfalls im Anhang (vgl. A 2).

Die zweite Phase zielt auf einen Abgleich der erforderlichen Fertigungskapazitäten mit den vorhandenen und auf eine Kalkulation des entwickelten Erzeugnisses auf der Basis von Stücklisten und Arbeitsplänen. Diese Phase umfaßt daher die Ergänzung der technischen Teilestammsätze und die Zuordnung der Rohmaterialien sowie die anschließende Stücklistenweiterverarbeitung in Arbeitsplanung und Mengenplanung. Hierzu ist die Übertragung der in CAD erstellten Stücklisten und technischen Teilestammsätze nach PPS erforderlich. Die Übertragung erfolgt nicht in direkter logischer Folge zur Freigabe der betreffenden Gruppen im Anschluß an die Kontrolle auf Fertigungsgerechtheit durch die Arbeitsplanung, sondern wird mit der expliziten Freigabe einer Gruppe durch die Leitung des Entwicklungsprojektes vorgenommen. Auch dies ist mit Hilfe des Stücklistenerstellungs-Statuskennzeichens (SES) zu quittieren, indem SES auf den Zustand 33 umgesetzt wird (vgl. Abbildung A 1.5). Gleichzeitig sollte damit ein Nachrichtenaustausch angestoßen werden, der den mit der Stücklistenvervollständigung beginnenden Bereich über die Bereitstellung der Stücklisten und technische Teilestammsätze informiert.

Die Übertragung der Stücklisten und technischen Teilestammsätze muß auch Stücklisten mit Alternativpositionen umfassen, um eine Bewertung alternativer Konstruktionen auf Basis vollständiger Stücklisten und Teilestammsätze vornehmen zu können. Darüber hinaus sind ebenso wie bei Anforderungsprofil A und C Kontrollroutinen einzurichten, die die zu übertragenden Stücklisten und technischen Teilestammsätze hinsichtlich Plausibilität und Konsistenz überprüfen (vgl. Abbildung A 1.5). Die Steuerung der Rückweisung von fehlerbehafteten Stücklisten und technischen Teilestammsätzen an die Konstruktion erfolgt in der in Kapitel 7.1.2 aufgezeigten Weise.

Die Organisation der Teilestammergänzung und Rohmaterialzuordnung entspricht weitgehend der des Anforderungsprofils B, da bei Anforderungsprofil D sehr ähnliche Anforderungen an die arbeitsteilige Stücklistenweiterbearbeitung gestellt werden. Im Unterschied zu Anforderungsprofil B ist bei Anforderungsprofil D die Kontrolle der Arbeitsplanung auf Fertigungsgerechtheit bereits vor der Übertragung der Stücklisten und technischen Teilestammsätze vorgenommen worden und entfällt daher. Ergänzend zu den Ausführungen in Kapitel 7.2.2 für Anforderungsprofil B muß eine Entscheidung bezüglich der Disposition und Prototypenfertigung nach Abschluß der Stücklisten- und Teilestammsatzergänzung vorgesehen werden. Auch zu diesem Zeitpunkt muß die Möglichkeit der Rückweisung an die Konstruktion bestehen. Dazu wird das Stücklistenweiterbearbeitungs-Statuskennzeichen (SWS) auf den Zustand 6 umgesetzt und anschließend aufgegliedert. Diese Aufgliederung beinhaltet zunächst das Setzen eines speziellen Statuskennzeichens, das die Disposition als rückweisende Stelle identifiziert. Dieses wird nachfolgend mit dem mnemotechnischen Ausdruck DWS belegt. Mit dem Setzen von DWS auf den Zustand 1 wird gleichzeitig das Stücklistenerstellungs-Statuskennzeichens (SES) in CAD auf den Zustand 4, der Änderungen an rückgewiesenen Datensätzen ermöglicht, umgesetzt. Die Freigabe zur Disposition wird durch das Umsetzen des Stücklistenweiterbearbeitungs-Statuskennzeichens (SWS) auf den Zustand 5 quittiert (vgl. Abbildung A 1.5). Mit der Freigabe des entwikkelten Erzeugnisses bzw. einer zugehörigen Gruppe für die Disposition und die anschließende Prototypenfertigung beginnt die dritte Phase der Stücklistenweiterbearbeitung. Nach erfolgter Freigabe ist mit dem Umsetzen von SWS auf den Zustand 5 eine Nachricht an die betroffenen Bereiche mit der Information über die Freigabe zur Disposition und Prototypenfertigung zu übermitteln.

Die Stücklistenweiterbearbeitung ist in dieser dritten Phase noch nicht abgeschlossen, da aus der Fertigung und Erprobung der Prototypen Verbesserungsvorschläge für die Konstruktion resultieren, die zu einer erneuten Überarbeitung der Stücklisten und Teilestammsätze führen. Rückkopplungen aus der Fertigung und Erprobung werden ebenfalls mit Hilfe des Stücklistenweiterbearbeitungs-Statuskennzeichnens (SWS) durch Umsetzen auf den Zustand 7 quittiert. Zur Identifizierung der rückweisenden Stelle wird hier ein spezielles Statuskennzeichen eingeführt, das mit dem mnemotechnischen Ausdruck FWS belegt wird. Im Anschluß an das Umsetzen von SWS auf den Zustand 7 wird FWS selbsttätig auf den Zustand 1 gesetzt. Mit Abschluß der Erprobung und Überarbeitung des Prototyps wird das Stücklistenweiterbearbeitungs-Statuskennzeichen (SWS) auf den Zustand 8 umgesetzt. Aufgrund der Bedeutung der Freigabe zur Serienfertigung muß hierfür ein spezieller Statuskennzeichenzustand vorgesehen werden. Durch das Umsetzen von SWS auf den Zustand 9 wird die Freigabe zur Serienfertigung vollzogen. Mit der Freigabe wird in CAD die Sperrung der neukonstruierten Gruppen und Teile durch das selbsttätige Umsetzen des Stücklistenerstellungs-Statuskennzeichens (SES) auf den Zustand 5 aufgehoben (vgl. Abbildung A 1.5). Eine Freigabe für die Wiederverwendung zu einem früheren Zeitpunkt würde den Aufwand für die Überarbeitung des in Entwicklung befindlichen Erzeugnisses wesentlich erhöhen, da die zu ändernden Teile und Gruppen in den übrigen Verwendungen ebenfalls geändert werden müßten. In Ausnahmefällen sollte in Absprache mit der Normenstelle, die dann auch die Koordination der Überarbeitung der zu ändernden Teile und Gruppe über die betroffenen Entwicklungsprojekte hinweg vornehmen muß, eine entwicklungsprojektübergreifende Verwendung neukonstruierter Teile und Gruppen möglich sein.

### 7.4.3 Änderungswesen

Die Überarbeitung von Teilen und Gruppen mit dem Ziel der Kostenoptimierung ist kennzeichnend für Anforderungsprofil D. Der Anstoß zur Ausführung derartiger Erzeugnisoptimierungen kann vor allem von den an der technischen Auftragsabwicklung beteiligten Bereichen kommen. Erzeugnisoptimierungen werden entsprechend DIN 199 Teil 4 (1981, S. 2) in zwei Schritten abgewickelt, wie in Abbildung 7.11 dargestellt. Der erste Schritt umfaßt einen Änderungsvorlauf, der die Prüfung eines Änderungsvorschlags in allen in die technische Auftragsabwicklung eingebundenen Bereiche beinhaltet. Wird der Änderungsvorschlag von allen Bereichen gut geheißen, erfolgt im zweiten Schritt die Änderungsdurchführung.

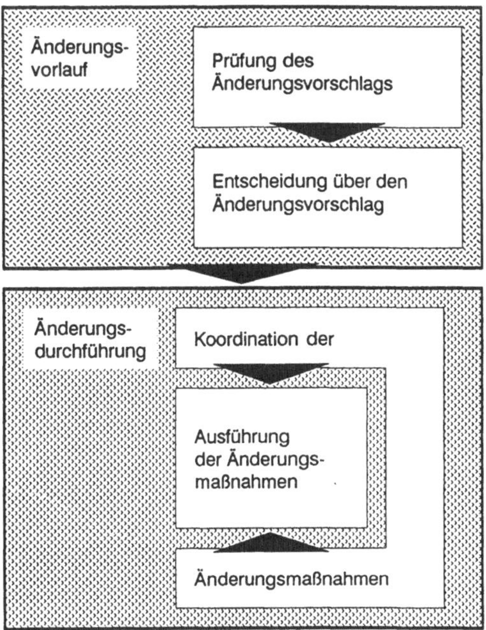


Abb. 7.11: Die Arbeitsschritte einer Erzeugnisoptimierung

Der Änderungsvorlauf könnte durch die Möglichkeit des Nachrichtenaustauschs zwischen den CAD- und PPS-Arbeitsplätzen, die für die Stücklistenerstellung und -weiterbearbeitung erforderlich sind, unterstützt werden. Allerdings sind im Rahmen des Änderungsvorlaufes neben alphanumerischen Daten auch Zeichnungen, also geometrische Daten auszutauschen. Für diese Art von Daten ist die Möglichkeit des Nachrichtenaustauschs nicht ausgelegt, da dazu graphikfähige PPS-Bildschirme sowie einfache Graphikfunktionen an den PPS-Arbeitsplätzen zur Verfügung stehen müßten. Der Änderungsvorlauf muß daher in der Regel konventionell unter Verwendung von Papiervorlagen der betreffenden Zeichnungen und Stücklisten abgewickelt werden.

Die Änderungsdurchführung ist, ähnlich wie die Erzeugnisentwicklung, unter einer in CAD wie PPS einheitlichen und durchgängigen Nummer, die die Zugehörigkeit des geänderten Teils oder Gruppe zu einem Änderungsauftrag beschreibt, vorzunehmen. Ausgangspunkt der Änderung ist die Sperrung der zu ändernden Teile bzw. Gruppen durch das Umsetzen eines speziellen Statuskennzeichens. Dieses Statuskennzeichen wurde bereits für Anforderungsprofil C in Kapitel 7.3.3 als Erzeugnisoptimierungssperr-Statuskennzeichen (EOS) eingeführt. EOS wird zur Sperrung auf den Zustand 1 gesetzt. Andernfalls besteht die Gefahr der Wiederverwendung der zu ändernden Teile und Gruppen parallel zur Änderung. Damit würde die Austauschbarkeit der Teile bzw. Gruppen in allen Verwendungen grundsätzlich in Frage gestellt, da die Verwendungen, die parallel zur Änderung vorgenommen werden, nicht bei der Änderungberücksichtigt werden. Jedoch sollte die Möglichkeit bestehen, nach Absprache mit der Normenstelle die Sperrung in Ausnahmefällen aufzuheben. In diesen Fällen muß die Normenstelle die Verantwortung für die Datenkonsistenzsicherung übernehmen.

Aufgrund des in Kapitel 7.4.1 vorgestellten, bei Anforderungsprofil D zu fordernden CAD-Datenmodells, ist der zur Sperrung der relevanten Teile und Gruppen in CAD benötigte Teileverwendungsnachweis komfortabel durchführbar. Durch das Sperren der Teile und Gruppen können gleichzeitig auch alle zugehörigen Zeichnungen, insbesondere Gruppen-Zeichnungen, in denen die Teile und Gruppen verwendet werden, sowie die Stücklisten und technischen Teilestammsätze, gesperrt werden.

Im Anschluß an die Sperrung der von der Änderung betroffenen Zeichnungen, Stücklisten und technischen Teilestammsätze sind diese unter der Änderungsauftragsnummer zu kopieren. Um eine Änderungshistorie führen zu können, dürfen Änderungen nur in Kopien der Dokumente und Datensätze unter gleichzeitigem Setzen eines Kennzeichens, das den aktuellen Änderungsstand beschreibt, möglich sein. Um dies zu gewährleisten, ist mit dem Setzen des Erzeugnisoptimierungssperr-Statuskennzeichens (EOS) auf den Zustand 1 das Stücklistenerstellungs-Statuskennzeichen (SES) selbsttätig auf den Zustand 6 zu setzen. Der Zustand 6 des Stücklistenerstellungs-Statuskennzeichens (SES) läßt keine Wiederverwendung oder Änderung der gekennzeichneten Stücklisten und Teilestammsätze zu. Gleichzeitig sind diese Datensätze zur Archivierung bereitgestellt. Mit dem Umsetzen von EOS auf den Zustand 1 wird in der Konstruktion die Durchführung der Änderung angestoßen. In PPS darf keine Sperrung erfolgen, da parallel zur Änderungsdurchführung die zu ändernden Gruppen bzw. Teile gefertigt werden. Erst zu einem späteren Zeitpunkt erfolgt die Aussteuerung der Ausgangsgruppen bzw. -teile und die Einsteuerung der geänderten Gruppen bzw. Teile in die Fertigung. Wie bereits in Kapitel 7.3.3 erläutert, müssen zu diesem Zeitpunkt die geänderten Stücklisten und Teilestammsätze in PPS zunächst gesperrt und anschließend archiviert werden. Diese Sperrung wird durch Umsetzen des Stücklistenweiterbearbeitungs-Statuskennzeichens (SWS) auf den Zustand 11 vollzogen.

Wie bereits für Anforderungsprofil C in Kapitel 7.3.3 aufgezeigt, muß das Änderungsstandkennzeichen Bestandteil der PPS-Identnummer sein und sollte mit der Kopie der Dokumente und Datensätze durch den Benutzer erhöht werden können. Ebenso ist mit der Kopie der Dokumente und Datensätze das Stücklistenerstellungs-Statuskennzeichen (SES) auf den Zustand 1 umzusetzen, der die Dokumente und Datensätze als unbearbeitet durch die Konstruktion kennzeichnet. Gleichzeitig ist damit die Sperrung gegen Änderung aufgehoben.

Die eigentliche Änderungsdurchführung gleicht der Stücklistenerstellung und -weiterbearbeitung. Ein mehrmaliges Überarbeiten, wie es für die Stücklistenerstellung und -weiterbearbeitung charakteristisch ist, kann hierbei bis auf die Rücksteuerung von mangelhaft ausgeführten Änderungen durch die Kontrollstellen Normenstelle und Arbeitsplanung unterbleiben. Aufgrund der Ähnlichkeit der Änderungsdurchführung mit der Stücklistenerstellung und -weiterbearbeitung sollen nachfolgend nur die Besonderheiten der Änderungsdurchführung aufgezeigt werden.

Bei dem für Anforderungsprofil D geforderten CAD-Datenmodell ist der Austausch eines Teils oder Gruppe in allen Verwendungen gewährleistet. Dies muß nicht kontrolliert werden. Dagegen ist die Verträglichkeit der geänderten Teile mit den sie umgebenden Teilen zu überprüfen. Hier muß kontrolliert werden, ob die Änderungen in allen Verwendungen konstruktiv korrekt ausgeführt wurden. Jede einzelne Zeichnung, Stückliste und technischer Teilestammsatz ist separat freizugeben. Ohne Freigabe aller zu ändernden Dokumente darf in CAD keine Weitergabe an die nachgelagerte Stelle möglich sein. Diese für CAD entwickelte Forderung gilt in entsprechender Weise für die Übertragung der Stücklisten und technischen Teilestammsätze von CAD nach PPS, wie auch für die Stücklistenweiterbearbeitung in PPS.

Um das Nachvollziehen der vorgenommenen Änderungen in den der Konstruktion nachgelagerten Bereichen zu erleichtern, sollten die Änderungen erläutert sein. Zudem wird damit das Nachvollziehen der Änderung zu einem späteren Zeitpunkt ermöglicht. Basis dieser Erläuterungen muß der Änderungsvorschlag bzw. hier der Änderungsauftrag sein. Diese erläuternden Texte müssen an die geänderten Stücklisten und technischen Teilestammsätze angehangen und auch von CAD nach PPS übertragen werden.

Abschließend sind die in CAD gesperrten Zeichnungen, Stücklisten und technischen Teilestammsätze zu archivieren und durch die überarbeiteten Dokumente und Datensätze zu ersetzen. Gleiches muß in PPS unter Berücksichtigung der Auslaufsteuerungsart und der Abwicklung aktueller Fertigungsaufträge vollzogen werden.

Aufgrund der redundanten Datenhaltung in CAD ergibt sich neben den Erzeugnisoptimierungen die Notwendigkeit der Abwicklung von Änderungen an technischen Teilestammdaten, die nicht von der Konstruktion angelegt und gepflegt, aber in CAD redundant verwaltet werden. Dies sind technische Teilestämme zu Zukaufteilen, die vom Einkauf angelegt und auch gepflegt werden. Änderungen sind erforderlich, wenn ein Zukaufteil widererwarten nicht oder nicht rechtzeitig lieferbar ist. Hier muß der Einkauf mit der Konstruktion Rücksprache nehmen. Neben der Suche nach einer Alternative muß die Konstruktion einen Teileverwendungsnachweis durchführen, das betreffende Teil in allen Verwendungen sperren und etwaige Folgeänderungen analysieren. Für das von der Konstruktion ausgewählte, ersetzende Zukaufteil legt der Einkauf einen neuen Teilestammsatz an und überträgt die für die Konstruktion erforderlichen Daten von PPS nach CAD. Die Konstruktion greift auf diese Daten zurück und generiert ggf. die zugehörigen Geometriedaten in CAD. Die eigentliche Änderungsdurchführung entspricht der der Erzeugnisoptimierung.

### 7.4.4 Recherche

Im Mittelpunkt der Konstruktion von Standarderzeugnissen ohne kundenspezifische Varianten steht die kundenanonyme Erzeugnisentwicklung. Die Recherche muß daher bei Anforderungsprofil D die Suche nach Gruppen jeder Ordnung und nach Teilen umfassen. Damit stimmen die Anforderungen von Profil D mit denen des Profils B überein. Die Organisation der Recherche entspricht aufgrund der übereinstimmenden Anforderungen dem für Anforderungsprofil B entwickelten Gestaltungsvorschlag. An dieser Stelle soll daher auf Kapitel 7.2.4 verwiesen werden.

# 8. Organisatorische Gestaltung der CAD/PPS-Kopplung aufgezeigt anhand eines Fallbeispiels

Zielsetzung der vorliegenden Arbeit ist es, für kleine und mittlere Unternehmen des Maschinen- und Anlagenbaus Hilfestellungen zur technisch-organisatorischen Gestaltung von CAD/PPS-Kopplungen zu entwickeln. Gemäß dieser Zielsetzung wurden im vorangegangenen Kapitel Gestaltungsvorschläge auf typologischer Ebene erarbeitet. In diesem Kapitel soll aufgezeigt werden, wie auf Basis dieser typologischen Gestaltungsvorschläge ein unternehmensspezifisches Konzept für die CAD/PPS-Kopplung erstellt werden kann. Dazu wurde eine Fallstudie in einem mittelständischen Unternehmen des Anlagenbaus durchgeführt.

## 8.1 Intention bei der Auswahl des Unternehmens

Kennzeichnend für den EDV-Einsatz in den Unternehmen der Zielgruppe dieser Arbeit ist die Anwendung von Standardsoftware. Daher wurde für die Fallstudie ein Unternehmen ausgewählt, das sowohl CAD- als auch PPS-Standardsoftware einsetzt. Darüber hinaus wurde als Bedingung festgelegt, daß für die Kopplung des eingesetzten CAD- und PPS-Systems ebenfalls ein Standardprodukt am Markt angeboten wird. Im Gegensatz zum Einsatz von Individualsoftware sind bei Standardsoftware Anpassungen an die unternehmensindividuellen Anforderungen nur eingeschränkt möglich. Hieraus resultiert die Notwendigkeit, technische Unzulänglichkeiten mit Hilfe organisatorischer Regelungen zu kompensieren, um trotz der technischen Unzulänglichkeiten die Ziele, die das Unternehmen mit der Kopplung verfolgt, erreichen zu können. Grundlage der technisch-organisatorischen Gestaltung der CAD/PPS-Kopplung in dem für die Fallstudie auszuwählenden Unternehmen ist daher neben den gesetzten Zielen und den Rahmenbedingungen im Unternehmen auch der Funktions- und Leistungsumfang des CAD- und PPS-Systems sowie der Kopplungssoftware.

## 8.2 Beschreibung des Unternehmens

Das ausgewählte Unternehmen produziert mit ca. 120 Mitarbeitern Anlagen und Anlagenteile, die in der Investitionsgüterindustrie und auch in der Gebäudeausrüstung eingesetzt werden. Der im Jahr 1988 erzielte Umsatz beläuft sich auf ca. DM 15 Mio. Produziert werden Standarderzeugnisse mit Varianten. Die Standardisierung bezieht sich weitgehend auf die Erzeugnisstruktur. Ein großer Anteil Gruppen und Teile der Erzeugniskonstruktionen sind Maßvarianten, so daß trotz hoher Standardisierung kundenindividuelle Erzeugnisvarianten produziert werden. Eine kundenanonyme Vorfertigung ist aufgrund der Dominanz der Maßvarianten nur eingeschränkt möglich. Die Erzeugnisse werden aufbauend auf einer Variantenlogik kundenindividuell konstruiert. Im CAD-System sind dazu entsprechende Variantenprogramme implementiert, die eine stücklistenorientierte Ablaufstruktur in der Konstruktion ermöglichen. Die Erzeugnisstandardisierung zielt auf eine Gewährleistung der Teilewiederverwendung, wie es für die Produktion von Standarderzeugnissen mit Varianten charakteristisch ist. Zur Befriedigung der Kundenspezifikationen kann auf kundenspezifische Sonderkonstruktionen nicht verzichtet werden. Im Rahmen der Kundenauftragsabwicklung stellen daher technische Mängel Gründe für Änderungen an Konstruktionen dar. Darüber hinaus werden Verbesserungen an den Erzeugnissen auch ohne Kundenauftragsbezug vorgenommen. Ein Vergleich mit den in Kapitel 6 ermittelten Anforderungsprofilen zeigt, daß das ausgewählte Unternehmen dem Anforderungsprofil C zugeordnet werden kann (vgl. Kapitel 6.3).

## 8.3 Ausgangssituation im Unternehmen

### 8.3.1 Anwendung des CAD- und PPS-Systems

Die Kopplung von CAD- und PPS-System wurde im ausgewählten Unternehmen im Zuge der Einführung des CAD-Systems realisiert. Neben der Kopplung von bereits eingesetzten CAD- und PPS-Systemen ist die Kopplung im Zuge der Einführung einer der beiden CIM-Bausteine die logische Konsequenz, um einen durchgängigen Datenfluß, wie er mit CIM angestrebt wird, zu erreichen. Mit der Realisierung der Kopplung im Zuge der Einführung eines weiteren CIM-Bausteines werden von vornherein die Probleme der nachträglichen Verbindung von Insellösungen vermieden. Zudem können die aus der Kopplung resultierenden Synergieeffekte bereits mit der Einführung des zweiten CIM-Bausteines genutzt werden. Die Ergebnisse der Untersuchungen von LAY u.a. (1989, S. 12) zeigen, daß dieses Vorgehen bei der Realisierung der in der Praxis vorzufindenden Kopplungen charakteristisch ist.

Das CAD-System wurde für die Anwendung im Rahmen der Angebotserstellung, der kundenanonymen Entwicklung wie auch für die kundenspezifische Konstruktion ausgewählt. Um den Ansprüchen der Produktion von Standarderzeugnissen mit Varianten, insbesondere der Abbildung der Variantenlogik, gerecht zu werden, mußte das CAD-System komfortable Möglichkeiten der Generierung und Modifizierung von Variantenprogrammen bieten. Darüber hinaus sollte die Erstellung von Teile-, Gruppen- und Offerten-Zeichnungen ein Schwerpunkt der CAD-Anwendung sein. Eine weitere Anforderung lag in der Möglichkeit der Bewegungssimulation. Die Kopplung des einzuführenden CAD-Systems zu dem bereits vorhandenen PPS-System wurde als Bedingung formuliert. Der für die Kopplung zum PPS-System geforderte Funktions- und Leistungsumfang wird in Kapitel 8.3.3 beschrieben. Bei dem ausgewählten und eingeführten CAD-System handelt es sich um eine Lösung, die unter Unix betrieben wird.

Die Funktionen der Produktionsplanung und -steuerung, wie sie von HACKSTEIN (1989, S. 161 ff.) definiert werden, sind durch die eingesetzte PPS-Lösung weitgehend abgedeckt. Die Kundenauftragseinplanung wird in einem speziellen Auftragserfassungssoftware-Paket vorgenommen, das mit der PPS-Anwendungssoftware gekoppelt ist. Die grobe Kundenauftragsterminierung erfolgt in PPS. Eine grobe Kapazitäts- und Materialdeckungsrechnung wird nicht vorgenommen. Die Reihenfolgeplanung im Rahmen der Termin- und Kapazitätsplanung ist derzeit in Erprobung. Die Werkstattauftragsfreigabe erfolgt im Zuge der Auftragsveranlassung implizit durch die Freigabe der Stücklisten und Arbeitspläne. Ein dem PPS-System unterlagertes Betriebsdatenerfassungssystem übernimmt die Funktion der Auftragsüberwachung. Darüber hinaus wird das PPS-System zur Arbeitsplanerstellung und -verwaltung eingesetzt. Die Grunddatenverwaltung ermöglicht neben dem direkten Zugriff über die Identnummer den Zugriff auf Stücklisten, Teilestammsätze und Arbeitspläne mit Hilfe von Matchcodes, d.h. der vollständigen sowie linksbündig unvollständigen Eingabe von Benennung, Werkstoff, Klassifizierung und Zeichnungsnummer.

### 8.3.2 Zielsetzungen bei der Kopplung

Die mit der Realisierung der Kopplung von CAD- und PPS-System verbundenen Zielsetzungen lagen insbesondere in einer Produktivitätssteigerung in der Konstruktion. Darüber hinaus wurde eine Reduzierung der Durchlaufzeit, von der Auftrags-bzw. Anfrageerfassung bis zur Weiterverarbeitung der Stücklisten in der Mengenplanung der PPS angestrebt. Erreicht werden sollten diese Ziele durch die Einsparung von Mehrfacherfassungen gleicher Daten sowie einer Beschleunigung der Datenweitergabe zwischen den an der Stücklistenerstellung und -weiterbearbeitung beteiligten Bereichen. Weiterhin wurde eine Verbesserung der Möglichkeiten der Recherche nach ähnlichen und wiederverwendbaren Teilen angestrebt. Damit sollte eine Reduzierung des Aufwandes zur Gewährleistung der Teilewiederverwendung bzw. bei der Weiterverarbeitung von Stücklisten und Teilestammsätzen in den der Konstruktion nachgelagerten Bereichen erzielt werden.

Zudem sollte die Qualität der Konstruktionsdokumente, insbesondere die Konsistenz von Gruppen-Zeichnungen und zugehörigen Stücklisten, gesteigert werden. Resultierend aus dieser Qualitätssteigerung wurde wiederum eine Verkürzung der Durchlaufzeit durch die Einsparung von Fehlerkorrekturen erwartet. Weiterhin wurde mit der CAD/PPS-Kopplung die Gewinnung von Zeitreserven in der Disposition zur Zusammenfassung gleichartiger Teile für die Fertigung mit dem Ziel der Losgrößenerhöhung und daraus resultierend die Reduzierung der Rüstkosten angestrebt. Letztlich sollte die Reaktionsfähigkeit auf Kundenwünsche wie auf generelle Veränderungen des Marktes gesteigert werden.

### 8.3.3 Anforderungen an die Kopplung

Wie bereits in der in Kapitel 8.2 ausgeführten Beschreibung des Unternehmens dargelegt, kann das ausgewählte Unternehmen Anforderungsprofil C (vgl. Kapitel 6.3) zugeordnet werden. Daher bilden die in Kapitel 7.3 entwickelten Gestaltungsvorschläge die Basis für die Gestaltung der CAD/PPS-Kopplung in dem ausgewählten Unternehmen. Voraussetzung für die Gestaltung der CAD/PPS-Kopplung ist aufgrund der Prämisse, ausschließlich Standardsoftware einzusetzen, die Überprüfung des Funktions- und Leistungsumfangs des zu koppelnden CAD- und PPS-Systems sowie der Kopplungssoftware. Diese Überprüfung muß einen Vergleich mit den in Kapitel 7.3 für Profil C formulierten Anforderungen an den Funktions- und Leistungsumfang des einzusetzenden CAD-und PPS-Systems sowie der Kopplungssoftware beinhalten. Dazu müssen die in Kapitel 7.3 formulierten Anforderungen vor dem Hintergrund der im Unternehmen gegebenen Rahmenbedingungen, orientiert an den gesetzten Zielen, bewertet und spezifiziert werden. Alle Anforderungen, die das im Unternehmen einzuführende CAD-System und das bereits eingesetzte PPS-System sowie die verfügbare Kopplungssoftware nicht erfüllen, sind mittels organisatorischer Regelungen zu kompensieren. Die Entwicklung dieser organisatorischen Regelungen ist Gegenstand von Kapitel 8.5, in dem das Kopplungskonzept vorgestellt wird. Nachfolgend sollen zunächst kurz die im ausgewählten Unternehmen gegebenen Rahmenbedingungen skizziert und die Anforderungen an den Funktions- und Leistungsumfang von CAD- und PPS-Systemen sowie der Kopplungssoftware ermittelt werden. Im Anschluß daran werden in Kapitel 8.4 das einzuführende CAD-System, das bereits eingesetzte PPS-System sowie die Kopplungssoftware im Hinblick auf die Erfüllung der ermittelten Anforderungen bewertet. Diese Bewertung ist Basis der Entwicklung des Kopplungskonzeptes in Kapitel 8.5.

Die im ausgewählten Unternehmen gegebenen Rahmenbedingungen werden insbesondere durch die technische Auftragsabwicklung im Unternehmen und die vorhandene Aufbauorganisation charakterisiert. Im Vordergrund steht die Abbildung des Datenflusses, der den kopplungsrelevanten Ausschnitt aus der technischen Auftragsabwicklung kennzeichnet. Von wesentlicher Bedeutung ist der prinzipielle Datenfluß, da die Kopplungslösung bezüglich der zu übertragenden Daten anwendungsspezifisch angepaßt werden kann. Einen Überblick über den abzubildenden Datenfluß gibt Abbildung 8.1. Im einzelnen wird der Datenfluß nachfolgend in Form von Anforderungen an den Funktions- und Leistungsumfang der Kopplungslösung beschrieben.

Die Aufbauorganisation im untersuchten Unternehmen wird durch die Zusammenfassung der Aufgaben von Arbeitsplanung und der Produktionsplanung und -steuerung in der Arbeitsvorbereitung gekennzeichnet. Darüber hinaus wird in der Konstruktion nicht zwischen Konstrukteuren und Technischen Zeichnern unterschieden. Eine weitere, wesentliche Rahmenbedingung stellt die unveränderbare räumliche Unterbringung der betroffenen Bereiche Konstruktion, Arbeitsvorbereitung und Einkauf dar. Arbeitsvorbereitung und Einkauf sind in gemeinsamen Räumlichkeiten untergebracht, was eine Abstimmung erleichtert und für die Kopplung von Vorteil ist.

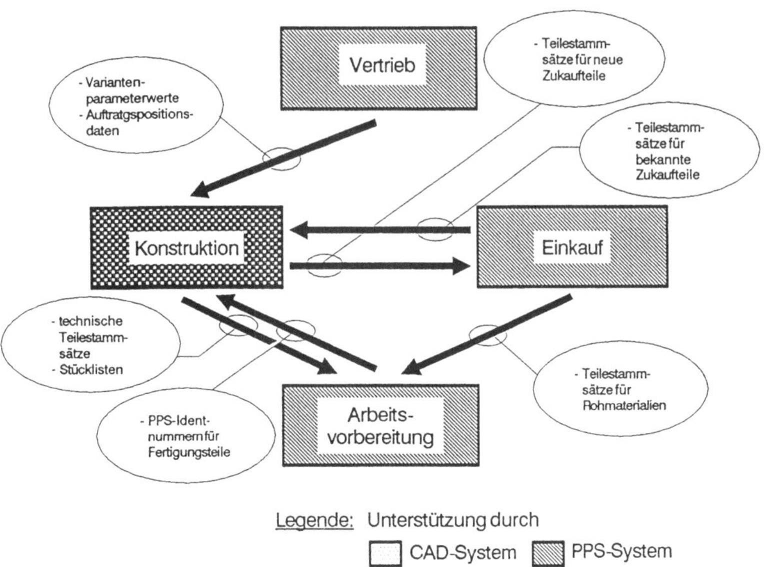


Abb. 8.1: Abzubildender Datenfluß im Unternehmen

Im Mittelpunkt der technischen Auftragsabwicklung des untersuchten Unternehmens stehen Maßvarianten, die mit Hilfe von Variantenprogrammen in CAD konstruiert werden. Dazu sind die aus den Kundenspezifikationen abgeleiteten Variantenparameter in einer Form bereitzustellen, die eine Verarbeitung dieser Daten mit Hilfe der in CAD implementierten Variantenprogrammen ermöglichen. Für die mit Hilfe dieser Variantenprogramme detaillierten Teile und Gruppen muß selbsttätig die Identnummer, die im untersuchten Unternehmen als Zählnummer ausgelegt ist, vergeben werden.

Die Ergänzung der Teilestammsätze und die Zuordnung von Rohmaterial wird auf der Basis der den Variantenteilen und -gruppen zugrundeliegenden Grundtypen vorgenommen. Zu jedem Grundtyp existiert eine standardisierte Teilestammergänzung und ggf. Rohmaterialzuordnung. Diese sind anhand der Identnummer der Grundtypen in PPS automatisch den übertragenen technischen Teilestammsätzen und Stücklisten zuzuordnen. Voraussetzung hierzu ist das Führen der Identnummer des jeweiligen Grundtyps im technischen Teilestammsatz. Im Rahmen der Stücklistenerstellung auf Basis der Variantenprogramme muß diese Identnummer selbsttätig in den technischen Teilestammsatz übernommen werden. Die Anforderungen aus der Variantenkonstruktion und aus den übrigen Kopplungsfunktionen, die nachfolgend vorgestellt werden, sind in Form eines Pflichtenheftes im Anhang (vgl. A 3) dokumentiert.

Von geringerer Bedeutung, aber nicht unbedeutend sind kundenspezifische Sonderkonstruktionen und kundenanonyme Entwicklungen. Hierzu sind komfortable Möglichkeiten der Anlage der technischen Teilestammsätze und der Erstellung der Stücklisten in CAD auf Basis von Zeichnungen zu fordern. In diesem Zusammenhang sind Teilestammdaten zu Zukaufteilen, die in CAD zur Stücklistenerstellung benötigt werden, in CAD anzulegen, nach PPS zu übertragen und durch den Einkauf für die Verwendung in CAD freizugeben. Die auf Basis der Gruppen-Zeichnungen und mit Hilfe der Variantenprogramme erstellten Stücklisten werden von der Konstruktion Auftragspositionen zugeordnet. Die vom Vertrieb angelegte Auftragsstruktur, mindestens aber die zugehörigen Auftragspositionen sind für diese Zuordnung von PPS nach CAD zu übertragen. Im einzelnen sind die Anforderungen an die Anlage der technischen Teilestammsätze und an die Erstellung der Stücklisten im Anhang (vgl. A 3) dokumentiert.

Die in CAD erstellten Stücklisten und technischen Teilestammsätze müssen zunächst konstruktionsintern auf Funktionsgerechtheit kontrolliert werden. Anschließend sind diese hinsichtlich der Erzeugnisstandardisierung und Fertigungsgerechtheit zu kontrollieren. Zur Erfassung des Bearbeitungsfortschritts, sowohl bei der Stücklistenerstellung, aber insbesondere bei der Stücklistenweiterbearbeitung, sowie zur Steuerung der Datenübertragung zwischen CAD und PPS müssen in CAD und PPS Möglichkeiten der Setzung von Statuskennzeichen gegeben sein. Die Übertragung der Stücklisten und technischen Teilestammsätze von CAD nach PPS muß unabhängig von festen Zyklen, d.h. zu beliebigen Zeitpunkten vornehmbar sein und Kontrollroutinen beinhalten, die die Sicherung der Datenqualitäten unterstützen.

Zur Abwicklung von in der Arbeitsvorbereitung abgewiesenen Konstruktionsergebnissen müssen Mechanismen der Passivierung und Aktivierung der betroffenen Datensätze durchgängig in CAD und PPS bestehen. Insbesondere zur Ausführung von Korrekturen, aber auch zur Unterstützung der Stücklisten- und Teilestammsatzerstellung sowie -weiterverarbeitung müssen geeignete Synchronisationsmöglichkeiten vorhanden sein, die die Konsistenzsicherung der redundanten Datenbestände in CAD und PPS erleichtert.

Zur Unterstützung der Zusammenarbeit von Konstruktion mit Einkauf und Arbeitsvorbereitung, die die Arbeitsplanung und Mengenplanung einschließt, muß die Möglichkeit des Nachrichtenaustausches zwischen CAD- und PPS-Arbeitsplätzen bestehen. Für einen Nachrichtenaustausch zwischen Arbeitsplanung, Mengenplanung und Einkauf kann auf eine EDV-Unterstützung verzichtet werden, da die Mitarbeiter dieser Bereiche räumlich zusammengefaßt untergebracht sind. Die damit gegebene Möglichkeit des direkten persönlichen Gesprächs wurde von der Unternehmensleitung als ausreichend angesehen. Die Anforderungen an die Stücklistenweiterbearbeitung sind im einzelnen im Anhang (vgl. A 3) dokumentiert.

Änderungen an Konstruktionen sind aufgrund technischer Mängel und Erzeugnisoptimierungen erforderlich. Die Anforderungen betreffen hier insbesondere die Konsistenzsicherung der redundant verwalteten Daten in CAD und PPS sowie die Schaffung der erforderlichen Transparenz bei der Änderungsdurchführung. Der Erzeugnisoptimierungen kennzeichnende Änderungsvorlauf, wie er in Kapitel 7.3.3 vorgestellt wurde, wird im untersuchten Unternehmen nicht vorgenommen. Die Abstimmung erfolgt hier zwischen den entsprechenden Bereichsleitern ohne formalen Änderungsantrag. Eine EDV-Unterstützung ist diesbezüglich nicht erforderlich. Für Erzeugnisoptimierungen muß die Führung alternativer Stücklistenpositionen in CAD und PPS gefordert werden, die über den Aus- und Einlauf der von der Änderung betroffenen Teile zu steuern sind. Auch für das Änderungswesen sind die Anforderungen im einzelnen im Anhang (vgl. A 3) dokumentiert.

Schließlich müssen für die Recherche Möglichkeiten der komfortablen und zielgerichteten Suche nach Ähnlich- und Wiederverwendungsteilen und -gruppen gegeben sein. Die für die Recherche erforderlichen Daten sind mit der Anlage des technischen Teilestammsatzes zu erfassen. Darüber hinaus muß von CAD-Arbeitsplätzen auf die Grunddatenverwaltung des PPS-Systems, insbesondere auf Beschaffungs- und Bestandsdaten zugegriffen werden. Im einzelnen sind die Anforderungen an die Recherche im Anhang (vgl. A 3) dokumentiert.

## 8.4 Funktions- und Leistungsumfang der Kopplungslösung

Bei der Kopplungslösung, also dem betreffenden Teil von CAD- und PPS-System sowie der Kopplungssoftware, die im ausgewählten Unternehmen eingesetzt werden soll bzw. bereits eingesetzt wird, handelt es sich um Standardsoftware. Wie bereits aufgezeigt, sind die Anpassungsmöglichkeiten bei Standardsoftware begrenzt. Die Anpassungsmöglichkeiten beschränken sich bei der vorliegenden Kopplungslösung auf die Erweiterung der zu übertragenden Daten. Für die Gestaltung des Kopplungskonzeptes resultieren daher aus dem Funktions- und Leistungsumfang der Kopplungslösung wesentliche Rahmenbedingungen. Alle in Kapitel 8.3.3 formulierten Anforderungen an den Funktions- und Leistungsumfang der Kopplungslösung, die nicht erfüllt werden, sind durch organisatorische Regelungen zu kompensieren. Vor diesem Hintergrund wird nachfolgend der Funktions- und Leistungsumfang der Kopplungslösung den in Kapitel 8.3.3 formulierten Anforderungen gegenübergestellt. Aufgeführt sind die Ergebnisse einer Negativselektion, also alle Anforderungen, die nicht erfüllt sind, sowie Spezifika der vorliegenden Kopplungslösung.

Das Führen von Variantenparameterwerten in der Kundenauftragsdatei des PPS-Systems ist nicht vorgesehen. Entsprechend besteht auch keine Möglichkeit der Übertragung dieser Daten von PPS nach CAD. Auftragsstrukturen können ebenso nicht von PPS an CAD übergeben werden. Dagegen ist es möglich, die Auftragspositionsdaten von PPS nach CAD zu übertragen. Diese stehen dort für die Zuordnung der Stücklisten zu Auftragspositionen durch die Konstruktion bereit.

Im CAD-System besteht keine Möglichkeit, alle zu einem Teil gehörenden Daten, also sowohl die teilebeschreibenden alphanumerischen Daten wie die Geometriedaten, zu kopieren. Kopiert werden kann nur die Geometrie, die Teilestamm- und Recherchedaten sind erneut zu erfassen. Entsprechend kann die PPS-Identnummer des Ausgangsteils bei einer Anpassungskonstruktion nicht in ein spezielles Feld des technischen Teilestammsatzes übernommen werden. Das Führen eines Namens im technischen Teilestammsatz ist in Form eines dreistelligen Kurzzeichens möglich. Dieses braucht nicht manuell erfaßt werden, sondern wird automatisch über die CAD-Benutzerkennung gesetzt. Die Kontrollroutinen, die eine Mehrfachvergabe der gleichen PPS-Identnummern verhindern sollen, vergleichen die aktuell vergebene Identnummer mit den Identnummern der verwalteten Teile und Gruppen. Bei Einführung des CAD-Systems ist in CAD der Umfang der verwalteten Teile und Gruppen jedoch noch gering. Ebenso kann die Aussagekraft der Kontrollergebnisse anfangs nur gering sein.

Die Stücklistenerstellung in CAD ist durch das verwendete Datenmodell und den Einsatz einer relationalen Datenbank gekennzeichnet. Der Zugriff auf alle Zeichnungen erfolgt über die teilebeschreibenden alphanumerischen Daten, denen die Geometriedaten zugeordet sind. Bei Zugriff auf eine Gruppen-Zeichnung wird diese durch Assemblieren der zugehörigen Teileansichten generiert. Verwaltet wird zu Gruppen-Zeichnungen lediglich eine Art Struktursatz, der die entsprechenden Daten und Verweise für das Assemblieren enthält. Aufgrund dessen ist eine komfortable Unterstützung der Stücklistenerstellung und insbesondere der Stücklistenänderung möglich.

Eine Kumulierung gleicher Teile und Gruppen in einer Gruppen-Zeichnung kann nur über die vergebenen Positionsnummern nicht aber über alle dargestellten Teile erfolgen. Nicht vorhanden sind Kontrollroutinen, mit Hilfe derer Fehler bei der Generierung der Struktursätze verhindert werden können. Entwicklungsstände von Teilen und Gruppen können in CAD nicht und in PPS nur über die Nutzung der Variantenverwaltung abgebildet werden. Für die Geometriedaten besteht die Möglichkeit, verschiedene Entwicklungsstände in speziellen Dateien zu verwalten.

Charakteristisch für die Stücklistenerstellung in CAD ist, daß der Bearbeitungsfortschritt durch ein spezielles Statuskennzeichen detailliert quittiert werden kann. Für die Stücklistenweiterbearbeitung in PPS besteht eine solche Möglichkeit allerdings nicht. Die in CAD angelegten technischen Teilestammsätze sind gegen Wiederverwendung gesperrt. Diese Sperrung wird jedoch mit dem Einlesen dieser Datensätze in PPS bereits aufgehoben. Eine explizite manuelle Aufhebung der Sperrung aus PPS, beispielsweise nach der Prüfung auf Fertigungsgerechtheit durch die Arbeitsplanung, ist nicht vorgesehen. Dies ist bei der einzusetzenden Kopplungslösung aus dem Übergabebereich möglich, in dem eine entsprechende Bearbeitungsstelle vorgesehen ist. Die selbsttätige Freigabe von Teilestammsätzen in CAD mit dem Einlesen in PPS stellt sich auch für Zukaufteile als problematisch dar. Dem Einkauf muß die Freigabe der Teilestammsätze für Zukaufteile, in CAD wie in PPS, vorbehalten bleiben. Die Konstruktion darf zwar in CAD Teilestammsätze für Zukaufteile anlegen. Sie erhält aber erst nach Abschluß der Ergänzungen durch den Einkauf in PPS die Freigabe zur Verwendung.

Eine selbsttätige Benachrichtigung des Stücklisten- bzw. Teilestammerstellers in CAD bei Abweisung der für das Einlesen in PPS bereitgestellten Daten ist nicht gegeben. Vielmehr werden die Ergebnisse der Datenübertragung und der zuvor durchgeführten Kontrollen in einer speziellen Datei protokolliert, auf die die Konstruktionsmitarbeiter vom CAD-Arbeitsplatz Zugriff haben. Die Kompetenz für das Einlesen von technischen Teilestammsätzen und Stücklisten ist über sogenannte Passcodes in PPS abbildbar.

Die Kompetenzen für die Teilestammergänzung und Rohmaterialzuordnungen können in PPS nicht datenfeldbezogen, sondern nur auf Funktions- bzw. Maskenebene in den Benutzerrechten abgebildet werden. Mit der fehlenden Möglichkeit der Quittierung des Bearbeitungsfortschritts im Rahmen der Stücklistenweiterbearbeitung in PPS ist auch keine direkte Möglichkeit gegeben, den Fortschritt der Auftragsbearbeitung bezüglich der Stücklistenerstellung und -weiterbearbeitung zu erfassen.

Wie bereits erläutert, lassen sich Änderungen an Zeichnungen, Stücklisten und technischen Teilestammsätzen in CAD aufgrund des Datenmodells komfortabel ausführen. Allerdings ist die Rückweisung fehlerbehafteter Datensätze aus PPS, die bereits in die Grunddaten eingelesen wurden, nicht vorgesehen. Jedoch sind Rückweisungen komfortabel aus dem Übergabebereich möglich. Die Möglichkeit der durchgängigen Sperrung in PPS wie in CAD ist nicht gegeben. In PPS können Datensätze zwar gesperrt werden, eine Bereitstellung zur Änderung mit allen Konsequenzen, wie beispielsweise die Rücksetzung des Stücklistenerstellungs-Statuskennzeichens, ist nur durch manuelle Eingriffe möglich. Die Kompetenz für die Ausführung einer Sperrung kann in den Benutzerrechten von CAD und PPS über die Setzung von Passcodes abgebildet werden.

Für Erzeugnisoptimierungen gelten die bereits erläuterten Einschränkungen bezüglich der Kopie der zu einem Teil gehörenden Daten. Komfortabel kann dagegen definiert werden, in welchen Verwendungen eine Änderung gültig sein soll. Alternative Stücklistenpositionen können in CAD und PPS nicht geführt werden. Allerdings besteht die Möglichkeit, Kommentartexte an Stücklistenpositionen anzubinden, die über den Ein- und Auslauf der Teile informieren. Ein Zusammenfassen von mehreren zusammengehörenden Änderungen zu einem Änderungsauftrag ist nicht möglich. Ebenso kann in CAD kein Änderungsstandkennzeichen geführt werden. Dagegen sind in CAD Kontrollroutinen implementiert, die die Ausführung der Änderungen in allen Verwendungen sichern und zudem die separate Freigabe jeder einzelnen Verwendung gewährleisten. Zur Unterstützung von Änderungswesen und Stücklistenweiterbearbeitung bietet die Kopplungslösung die Möglichkeit des Nachrichtenaustauschs. Dazu ist ein spezieller Modul in PPS erforderlich, der im ausgewählten Unternehmen jedoch nicht implementiert ist.

Die Suche nach Ähnlich- und Wiederverwendungsteilen und -gruppen wird durch ein Sachmerkmalleisten-System in CAD unterstützt. Durch die Möglichkeit der CAD-Emulation kann auch von PPS-Arbeitsplätzen auf das Sachmerkmalleisten-System zugegriffen werden. Die Rechercheergebnisse können durch direkten Zugriff auf die Geometrie der Teile und Gruppen veranschaulicht werden. Diese Möglichkeit ist jedoch nur von CAD-Arbeitsplätzen möglich. Der Zugriff auf die PPS-Grunddatenverwaltung von CAD-Arbeitsplätzen wird komfortabel über eine ständige Verbindung zu PPS und der Reservierung eines Fensters auf dem CAD-Bildschirm für PPS-

Anwendungen gewährleistet. Dies erfordert jedoch ein Austauschen der alphanumerischen CAD-Bildschirme gegen Bildschirme, wie sie auch im PPS-Bereich eingesetzt werden.

## 8.5 Vorstellung des Kopplungskonzeptes

### 8.5.1 Stücklistenerstellung

Die Stücklistenerstellung erfolgt für Maßvarianten auf Basis von Variantenprogrammen in CAD. Die Bereitstellung der dazu erforderlichen Variantenparameterwerte in PPS durch den Vertrieb wird vom PPS-System nicht unterstützt. Dieser Datenfluß soll daher mit Hilfe von Formularen realisiert werden, die dem Vertrieb an die Hand gegeben und neben Zeichnungen und einer Beschreibung des Kundenwunsches der Konstruktion zur Verfügung gestellt werden. Der zuständige Konstrukteur muß die vom Vertrieb erfaßten Variantenparamterwerte anhand der Zeichnungen und der Beschreibung des Kundenwunsches überprüfen. Bei gravierenden Abweichungen und insbesondere bei Überschreitung der definierten Grenzwerte ist es Aufgabe des Konstrukteurs, mit der Konstruktionsleitung bzw. direkt mit dem Vertrieb Rücksprache aufzunehmen.

Die auf Basis der Variantenprogramme erstellten Stücklisten werden anschließend Auftragspositionen zugeordnet. Hierzu greift der Konstrukteur auf die in PPS abgelegten Daten zurück und überträgt diese nach CAD. Für den Zugriff auf PPS sind Bildschirme erforderlich, die die Möglichkeit der Öffnung von Fenstern bieten. Da die Bildschirme der CAD-Arbeitsplätze über diese Möglichkeit nicht verfügen, wurde ein spezieller CAD-Arbeitsplatz in der Konstruktion eingerichtet, der ausschließlich für den Zugriff auf PPS genutzt wird. Die Forderung, die Bildschirme an den CAD-Arbeitsplätzen auszutauschen, wurde von der Unternehmensleitung mit dem Hinweis auf die zusätzlichen Kosten und dem erwarteten geringen Nutzenzuwachs abgelehnt. Mit den Auftragsunterlagen, die die vom Kunden gewünschten Spezifikationen beinhalten, erhält die Konstruktion einen Ausdruck der Auftragsstückliste, die die Struktur und die Positionen des Auftrages beschreibt. Damit kann der Konstrukteur direkt auf die betreffende Auftragsposition in PPS zugreifen und erhält zudem die erforderlichen Strukturdaten, die nicht von PPS nach CAD übertragen werden können. Die für die Variantenkonstruktion sowie für die nachfolgend noch dargestellten Kopplungsfunktionen entwickelten Abläufe sind in detaillierter Form im Anhang (vgl. A 4) dokumentiert.

Die Stücklistenerstellung im Rahmen von kundenspezifischen Sonderkonstruktionen und kundenanonymen Entwicklungen erfolgt auf Basis von Zeichnungen in CAD. Die Anlage von Teilestammsätzen zu neuen Fertigungsteilen ist dadurch gekennzeichnet, daß die PPS-Identnummer erst im Zuge der Stücklistenweiterbearbeitung beim Einlesen der Teilestammsätze in PPS erfolgt. Hintergrund ist die fehlende aussagekräftige Kontrollmöglichkeit in CAD und der Sachverhalt, daß die PPS-Identnummer in CAD zwar einen direkten Zugriff ermöglicht, die Daten in CAD aber unter einer separaten CAD-Identnummer verwaltet werden.

Werden neue Teile oder Gruppen durch Anpassung vorhandener konstruiert, sind die technischen Teilestammdaten erneut manuell zu erfassen, da nur die Geometriedaten kopiert werden können. Der Verweis auf das Ausgangsteil oder -gruppe kann nicht im Teilestammsatz geführt werden. Um dennoch den nachgelagerten Bereichen Arbeitsvorbereitung und NC-Programmierung die PPS-Identnummer dieses Teils oder Gruppe mitzuteilen, muß die Möglichkeit, erläuternde Texte an technische Teilestammsätze anzuhängen, genutzt werden. Damit können Arbeitsvorbereitung und NC-Programmierung direkt auf den zugehörigen Arbeitsplan und ggf. auf das entsprechende NC-Programm zugreifen und die Änderungen der Konstruktion mit minimalem Aufwand nachvollziehen.

Benötigt die Konstruktion neue Zukaufteile, nimmt diese mit dem Einkauf Kontakt auf. Hierzu ist die Möglichkeit des Nachrichtenaustauschs zwischen CAD- und PPS-Arbeitplätzen zu nutzen. Der Nachrichtenaustausch kann nicht hinsichtlich der Dringlichkeit, d.h. hinsichtlich des Zeitversatzes zwischen Absenden und Empfangen der Nachricht variiert werden. Der Empfänger erhält stets mit dem Wechseln der genutzten CAD- bzw. PPS-Funktion die Nachricht. Daher muß der Konstrukteur in dringlichen Fällen das Telefon benutzen. Nach erfolgter Abstimmung mit dem Einkauf legt der Konstrukteur zu dem gewünschten Zukaufteil in CAD einen Teilestammsatz an und überträgt diesen nach PPS. Wie bereits erläutert, wird die Sperrung gegen Verwendung in CAD bereits mit dem Einlesen des Teilestammsatzes in PPS aufgehoben. Da kein weiteres Statuskennzeichen eingeführt werden kann, daß eine explizite Freigabe der von der Konstruktion angelegeten Teilestammsätze durch den Einkauf ermöglicht, muß hier eine organisatorische Regelung definiert werden. Diese Regelung sieht vor, die PPS-Identnummer ersatzweise als Statuskennzeichen zu verwenden. Erst wenn der Einkauf die PPS-Identnummer von PPS nach CAD übertragen hat, ist der von der Konstruktion angelegte Teilestammsatz freigegeben und steht zur weiteren Verwendung im Rahmen der Stücklistenerstellung bereit. Die konstruktionsinterne Kontrolle muß sicherstellen, daß alle in den zu kontrollierenden Konstruktionen verwendeten Zukaufteile eine PPS-Identnummer aufweisen.

Das Fehlen von Kontrollroutinen bei der Stücklistenerstellung, mit Hilfe derer Fehler bei der Generierung der Struktur verhindert werden können, läßt sich nur durch eine intensive Schulung der Konstrukteure im Hinblick auf die Stücklistenerstellung kompensieren. Da diese Kontrolle ebenfalls im Rahmen der Stücklistenweiterbearbeitung beim Einlesen der Stückliste in PPS erfolgt, geht von dem Fehlen dieser Kontrollmöglichkeit in CAD keine Gefährdung der Datenqualität aus. Allerdings kann der Konstrukteur etwaige Fehler erst zeitversetzt korrigieren, was sowohl ein erneutes Eindenken in die Aufgabenstellung erfordert als auch zu Verzögerungen in der Auftragsabwicklung führt.

Entwicklungsstände werden in CAD mit Hilfe spezieller Dateien archiviert, da ein Führen eines Entwicklungsstandkennzeichens als Bestandteil der CAD-Identnummer nicht möglich ist. Jedoch können in CAD die neben dem aktuellen Stand verwalteten Stände nur hinsichtlich der Geometriedaten, ergänzt um identifizierende Daten, archiviert werden. In PPS können Teile und Gruppen zu verschiedenen Entwicklungsständen unter Nutzung der Möglichkeit der Variantenverwaltung geführt werden. Allerdings erfordert dies die Reservierung der letzten beiden Stellen der PPS-Identnummer. Da das Nummernsystem im Unternehmen beibehalten werden soll, muß in PPS auf die Verwaltung von Teilen und Gruppen in verschiedenen Entwicklungsständen verzichtet werden. Hieraus ergibt sich die Konsequenz, daß nur der aktuelle Entwicklungsstand in CAD und PPS geführt wird, jedoch die Geometriedaten zu nicht aktuellen Ständen in CAD verwaltet werden. Parallel dazu sind die Stücklisten und Teilestammsätze nicht aktueller Entwicklungsstände über den Entwicklungszeitraum hinweg in der Konstruktion als Papierbelege zu archivieren, um bei einem Rückgriff auf einen früheren Entwicklungsstand diese Daten erneut erfassen zu können.

Die Zuordnung der auf Basis von Gruppen-Zeichnungen erstellten Stücklisten zu Auftragspositionen erfolgt in der für die Stücklistenerstellung auf Basis der Variantenprogramme aufgezeigten Weise. Die erstellten Stücklisten werden anschließend konstruktionsintern durch die Konstruktionsleitung kontrolliert. Die Weitergabe der Konstruktionsergebnisse vom einzelnen Konstrukteur an die Konstruktionsleitung wird mit Hilfe eines speziellen Statuskennzeichens, mit dem der Bearbeitungsfortschritt in der Konstruktion protokolliert wird, quittiert. Die eigentliche Weitergabe der Konstruktionsergebnisse erfolgt jedoch in Form von Papierunterlagen, da hier großformatige Zeichnungen übergeben werden müssen. Die Konstruktionsleitung quittiert ihrerseits das Ergebnis der Kontrolle mit Hilfe des genannten Statuskennzeichens. Bei einer Abweisung wird dieses Statuskennzeichen derart umgesetzt, daß die Änderungssperre aufgehoben ist und damit die gewünschten Korrekturen durchgeführt werden können. Gibt die Konstruktionsleitung die Konstruktionsergebnisse frei, quittiert sie dies ebenfalls mit Hilfe des genannten Statuskennzeichens. Mit dieser Freigabe wird in CAD selbsttätig die Übertragung der Stücklisten und technischen Teilestammsätze nach PPS angestoßen. Damit stehen die Stücklisten und technischen Teilestammsätze für die Weiterbearbeitung zur Verfügung.

### 8.5.2 Stücklistenweiterbearbeitung

Die Sicherung der Erzeugnisstandardisierung übernimmt im untersuchten Unternehmen die Konstruktionsleitung. Die Einrichtung einer speziellen Normenstelle kann bei der Größe des Unternehmens und speziell des Konstruktionsbereiches nicht gerechtfertigt werden. Der Schwerpunkt der Kontrollen liegt sowohl in der Gewährleistung der Teilewiederverwendung als auch in der Überprüfung der Einsatzmöglichkeiten der Variantenprogramme. Beide Kontrollen werden damit von der gleichen Stelle in einem Arbeitsgang im Rahmen der Stücklistenerstellung durchgeführt.

Die Stücklistenweiterbearbeitung beginnt mit der Kontrolle neuer Teile und Gruppen durch die Arbeitsplanung im Hinblick auf Fertigungsgerechtheit. Dies muß vor dem Einlesen der Stücklisten und Teilestammsätzen in PPS im Übergabereich zwischen CAD und PPS erfolgen, da eine Rückweisung von Stücklisten und technischen Teilestammsätzen aus PPS nur sehr unkomfortabel möglich ist. Abbildung 8.2 zeigt in anonymisierter Form eine von CAD in den Übergabebereich eingestellte Stückliste.

```
Satznr. 6          CAD-Kopplung  -  B A U G R U P P E

-- ----------------------------------------------------------------
Z1. POS  Ä T S  Teilenummer       Benennung          Zeichnr./Menge MA ZT
-------------------------------------------------------------------

STL: N   O   -                 -  TEIL-PPP           ZNR-P
- - - - - - - - - - - - - - - - - - - - - - - - - - - - - - - - - -
002 020  2      BC1            -00 TEIL-B1                 4,000 MM  *
003 030  2    X FC3·           -00 TEIL-F3                 1,000 KG
004 040  2      BC2            -00 TEIL-B2                 2,000 STK *
005 050  2    X FC4            -00 TEIL-F4                 3,000 MM
006 060  2      TC4            -00 TEIL-T4                 3,000 MM
007 070  2      FC11           -00 TEIL-F11                1,000 STK
008 080  2      BC11           -00 TEIL-B11                4,000 MM  *
009 090  2    + FC33           -00 TEIL-F33                1,000 KG
010 100  2      BC22           -00 TEIL-B22                2,000 STK *
011 110  2      FC44           -00 TEIL-F44                3,000 MM
012 120  2    *                -   TEIL-T444               3,000 MM
-------------------------------------------------------------------
Funkt.:                                            0 - 0   0
-------------------------------------------------------------------
002 020                        0 Folgetext
```

Legende:

```
Z1.   Laufender Zeilenindex                S    Status Teilenummer
POS   Positionsnummer                      MA   Mengenangabe
Ä     Änderungsschlüssel                   ZT   Zusatztext
T     Sprung in Teiledatenverwaltung
```

Abb. 8.2: Beispiel für eine von CAD in den Übergabebereich eingestellte Stückliste (anonymisiert) (KIENZLE 1989)

Da auch zur Durchführung dieser Kontrolle in der Regel großformatige Zeichnungen erforderlich sind, müssen die zugehörigen Zeichnungen in

Form von Papierunterlagen der Arbeitsplanung zur Verfügung gestellt werden, obwohl die Kopplungslösung die Möglichkeit des Zugriffs von PPS auf in CAD bereitgestellte Zeichnungen und Darstellung dieser Zeichnungen auf dem Bildschirm des PPS-Arbeitsplatzes bietet.

Etwaige Rückweisungen durch die Arbeitsplanung werden durch Rücksetzung des Statuskennzeichens in CAD, mit dessen Hilfe der Bearbeitungsfortschritt in der Konstruktion protokolliert wird, quittiert. Eine selbsttätige Benachrichtigung des betreffenden Konstruktionsmitarbeiters erfolgt nicht. In dringenden Fällen muß daher mittels Telefon oder der Möglichkeit des Nachrichtenaustauschs zwischen PPS- und CAD-Arbeitsplätzen der Konstrukteur informiert werden. Die Rückweisung wird in einer speziellen Datei vom System selbsttätig protokolliert. Auf diese Datei muß der Konstrukteur zyklisch zugreifen. Abbildung 8.3 zeigt in anonymisierter Form eine Bildschirmmaske, die den Inhalt dieser Protokolldatei wiedergibt und die der Konstrukteur aufrufen muß. Anhand der Eintragungen in dieser Protokolldatei überprüft der Konstrukteur, ob die Arbeitsplanung die von ihm erstellten Stücklisten und Teilestammsätze akzeptiert hat und die Übertragung nach PPS ausgeführt wurde. Diese Informationen gewinnt der Konstrukteur aus der Spalte St anhand der gesetzten Ziffer. Die Arbeitsplanung ergänzt im Übergabebereich die PPS-Identnummer und stößt das Einlesen der Stücklisten und technischen Teilestammsätze in PPS an. Mit der Ergänzung der PPS-Identnummer im Übergabebereich wird selbsttätig die PPS-Identnummer im technischen Teilestammsatz in CAD nachgetragen. Allerdings erfordert dies die manuelle Eingabe der PPS-Identnummer. Kontrollroutinen sind hier nicht hinterlegt. Erst beim Einlesen der Stücklisten und technischen Teilestammsätze werden Plausibilitäts- und Konsistenzkontrollen von PPS ausgeführt, die den Kontrollen entsprechen, die bei manueller Erfassung einer Stückliste oder eines Teilestammsatzes erfolgen. Etwaige Rückweisungen werden gleichermaßen behandelt wie die Rückweisungen aufgrund ungenügender Fertigungsgerechtheit und in der Protokolldatei registriert.

```
.........................................................................
.                                                                        .
:           CAD-Kopplung - I N H A L T S V E R Z E I C H N I S           :
:                                                                        :
:  ---------------------------------------------------------------------  :
:  Satznr St SA Empfang.  So T  Zeichnungsnummer  Anz  Ä  Bearb.   Datum  :
:  ---------------------------------------------------------------------  :
:                                                                        :
:  00014  1  M  PPS-USER        MELDUNG   CAD --> 030     CAD-USER 31.01.89 :
:  00001  1  S  PPS-USER     *                    002  N  CAD-USER 08.10.87 :
:  00002  1  S  PPS-USER     *  ZNR-B4            002  N  CAD-USER 08.10.87 :
:  00006  1  S  PPS-USER     *  ZNR-P             012  N  CAD-USER 08.10.87 :
:  00015  1  S  PPS-USER     *  ZNR-B3            002  N  CAD-USER 08.10.87 :
:  00020  1  S  PPS-USER        ZNR-B2            001  A  CAD-USER 09.10.87 :
:  00024  9  S  PPS-USER        ZNR-P             013  N  CAD-USER 08.10.87 :
:  00004  9  T  PPS-USER        ZNR-T4            001  N  CAD-USER 08.10.87 :
:  00008  1  T  PPS-USER  *  *                    001  N  CAD-USER          :
:  00009  1  T  PPS-USER  *  *  ZNR-T2            001  N  CAD-USER          :
:  00010  1  T  PPS-USER  *  *  ZNR-R1                 N  CAD-USER          :
:  00011  9  T  PPS-USER  *     ZNR-F2                 N  CAD-USER          :
:  00012  1  T  PPS-USER  *  *  ZNR-F4                 N  CAD-USER          :
:  00016  1  T  PPS-USER     *  ZNR-F1                 N  CAD-USER 08.10.87 :
:  00017  1  T  PPS-USER     *  ZNR-F1                 N  CAD-USER 08.10.87 :
:  ----------------------------------------------------------------------  :
:  Key<1=Snr/2=St/3=SA+Emp>: 3  Auswahl:          Bearb(J/N/A/M>: J        :
:                                                                        :
.                                                                        .
.........................................................................
```

<u>Legende:</u>

St  Bearbeitungsstatus
SA  Satzart
So  Sofortauftrag
T  Mindestens eine Teilenummer im Datenblock fehlt
Z  Zeichnungsnummer nicht eindeutig/eindeutig
Anz  Anzahl Positionen für Stückliste oder Meldung
Ä  Änderungsart

Abb. 8.3: Übertragungsquittierungen in der Protokolldatei (anonymisiert) (KIENZLE 1989)

Eine Bearbeitungsfortschrittserfassung mittels eines speziellen Statuskennzeichens ist in PPS nicht möglich. Daher werden die in PPS eingelesenen Stücklisten zunächst gedruckt und die neuen Teile und Gruppen in dieser Papiervorlage gekennzeichnet. Die Ergänzung des Teilestammsatzes und die Zuordnung der Rohmaterialien wird dann in dieser Stückliste quittiert. Dieser Stücklistenausdruck wird dann zwischen den an der Teilestammergänzung und Rohmaterialzuordnung beteiligen Stellen weitergereicht und dient zur Steuerung der Stücklistenweiterbearbeitung. Der Abstimmungsaufwand zwischen Arbeitsplanung, Mengenplanung und Einkauf ist aufgrund der gemeinsamen räumlichen Unterbringung gering, daher ist eine Steuerung und Verfolgung der Stücklistenweiterbearbeitung in PPS mittels eines Stücklistenausdrucks ausreichend. Etwaige neue Rohmaterialien können zwischen Arbeitsplanung und Einkauf durch die gemeinsame räumliche Unterbringung direkt, mit der Konstruktion über die Möglichkeit des Nachrichtenaustauschs zwischen PPS- und CAD-Arbeitsplätzen, abgestimmt werden. Die grundsätzliche Ablaufstruktur der Stücklistenerstellung und -weiterbearbeitung gibt Abbildung 8.4 wieder. Ein Vergleich mit der in Kapitel 7.3.2 für Anforderungsprofil C dargestellten Ablaufstruktur (vgl. Abbildung 7.8) läßt die vorgenommenen Anpassungen der Organisation an die technischen Möglichkeiten der Kopplungslösung deutlich erkennen.

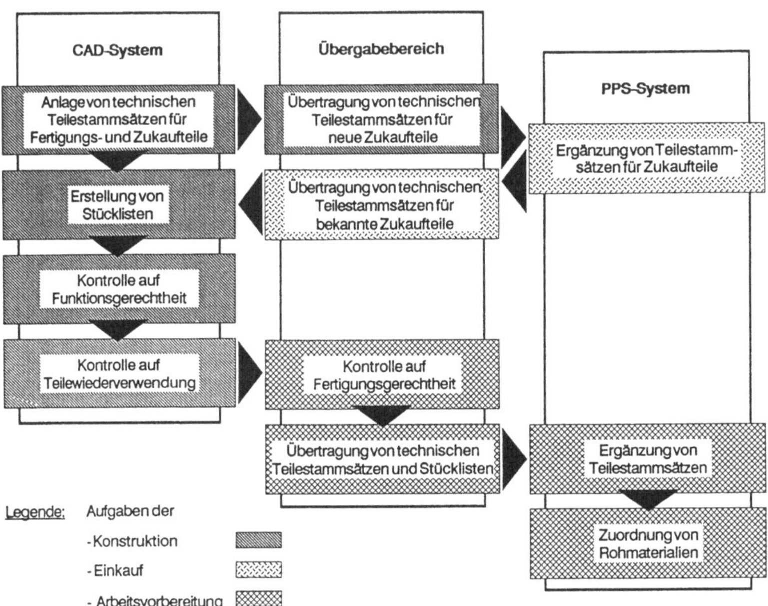


Abb. 8.4: Grundsätzliche Ablaufstruktur der Stücklistenerstellung und -weiterbearbeitung für das untersuchte Unternehmen

### 8.5.3 Änderungswesen

Mängel an Teilen und Gruppen, die erst im Rahmen der Arbeitsplanung,

NC-Programmierung oder in der Fertigung deutlich werden, gefährden in der Regel die termingerechte Abwicklung des Kundenauftrages und sind daher meist dringlich. Für die Durchführung dieser Änderungen wurde eine Regelung getroffen, die die eigenverantwortliche Korrektur der Mängel durch den Konstrukteur, der auch den Mangel verursacht hat, beinhaltet. Wird ein Mangel offenkundig, wird der im Teilestammsatz vermerkte Konstrukteur, aufgrund der Dringlichkeit, telefonisch benachrichtigt. In PPS und CAD ist zunächst ein Teileverwendungsnachweis durchzuführen. Hiernach wird das betreffende Teil in allen Verwendungen gesperrt und zudem in PPS etwaige Fertigungsaufträge storniert. Da in PPS und CAD keine durchgängige Sperrung vorgenommen werden kann, ist die Sperrung sowohl in PPS wie in CAD vorzunehmen.

In CAD ist eine spezielle Änderungsfunktion eingerichtet, bei der den zu ändernden Datensätzen selbsttätig ein Änderungs-Statuskennzeichen zugeordet wird. Eine explizite Freigabe von Datensätzen, die das Änderungs-Statuskennzeichen aufweisen, ist bei der vorliegenden Kopplungslösung nicht möglich, da mit Abschluß der Änderung und der Freigabe durch den Konstrukteur die betreffenden Datensätze von CAD selbsttätig nach PPS übertragen werden. Beim Einlesen in PPS wird das Änderungs-Statuskennzeichen derart interpretiert, daß der bereits in PPS bekannte Teilestammsatz bzw. die Stückliste nicht von den Kontrollroutinen abgewiesen, sondern die in PPS vorhandenen Daten überschrieben werden. Zur Beschleunigung der Änderungsausführung bringt der Konstrukteur die geänderten Zeichnungen in die Arbeitsvorbereitung, wo ggf. erforderliche Änderungen an Teilestammergänzung, Rohmaterialzuordnung, Arbeitsplan oder NC-Programm vorzunehmen sind. Mit vollständiger Ausführung der Änderungen wird der für die Fertigungssteuerung zuständige Mitarbeiter von der Arbeitsvorbereitung über die Bereitstellung der korrigierten Fertigungsunterlagen informiert. Dieses Vorgehen ist insbesondere deshalb erforderlich, da innerhalb von PPS keine Möglichkeit des Austauschs von Nachrichten besteht.

Erzeugnisoptimierungen werden zunächst zwischen den betreffenden Bereichsleitern abgestimmt. Die Durchführung der Änderungen beginnt in der Konstruktion mit einem Teileverwendungsnachweis. Unter Nutzung der Änderungsfunktion werden die den zu ändernden Teilen und Gruppen zugehörigen Zeichnungen kopiert. Im Anschluß an die Änderung der Geometrie sind die technischen Teilestammdaten, die in dem einzusetzenden CAD-System nicht kopiert werden können, nachzutragen. Generell werden bei Erzeugnisoptimierungen neue Identnummern vergeben. Damit können Erzeugnisoptimierungen wie Neukonstruktionen behandelt werden und sind explizit von der Konstruktionsleitung freizugeben. Allerdings muß sich die Vergabe neuer Identnummern auf die Erzeugnisebenen beschränken, auf denen ein Austausch von Teilen und Gruppen vorgenommen wird. Die darüberliegenden Ebenen müssen im eigentlichen Sinne geändert werden. Hier sind in vorhandenen Stücklisten Änderungen vorzunehmen, also Positionen auszutauschen, zu ergänzen oder zu entfernen und die Änderung in PPS entsprechend nachzuvollziehen.

Handelt es sich bei diesen Änderungen um Teile oder Gruppen, zu denen ein Lagerbestand besteht, der aufgebraucht werden soll, bevor die Änderung wirksam wird, kann nur auf eine stark eingeschränkte EDV-Unterstützung zurückgegriffen werden. Für die Abwicklung derartiger Änderungen ist die fehlende EDV-Unterstützung durch entsprechende organisatorische Regelungen zu kompensieren. Notwendig werden diese organisatorischen Regelungen insbesondere aufgrund der in PPS wie in CAD fehlenden Möglichkeit, Alternativpositionen in Stücklisten zu führen. Die Synchronisation des Einlaufs des geänderten Teils mit dem Aufbrauchen des Lagerbestandes kann nur durch direkte Absprache zwischen der Lagerverwaltung und der Konstruktion erfolgen. Zunächst ist die Änderung konstruktiv in CAD durchzuführen. Dabei darf nicht auf die vorhandene Änderungsfunktion zurückgegriffen werden, da damit die geänderten Daten selbsttätig nach PPS übertragen würden und die Änderung bereits vor dem Aufbrauchen des Lagerbestandes in PPS nachvollzogen werden würde. In CAD kann der noch inaktive, aber aktuelle Änderungsstand allerdings nur unvollständig, d.h. ohne teilebeschreibende alphanumerische Daten wie technischer Teilestammsatz, Schriftfeld- und Recherchedaten, in Form von Geometriedaten verwaltet werden. Dazu ist eine spezielle Änderungsdatei anzulegen. Im Anschluß an die Änderung der Geometriedaten sind die teilebeschreibenden alphanumerischen Daten zu ändern. Diese müssen aufgrund der nicht vorhandenen Möglichkeit, teilebeschreibende alphanumerische Daten in der angelegten Änderungsdatei zu verwalten, in Papierform dokumentiert sein. Zudem ist zu diesem Zeitpunkt die Änderung bereits von der konstruktionsinternen Kontrollstelle freizugeben, da mit dem formalen Nachvollziehen der Änderung in CAD nach Aufbrauchen des Lagerbestandes selbsttätig das Änderungs-Statuskennzeichen gesetzt wird. Das Setzen dieses Änderungs-Statuskennzeichens hat wiederum eine selbsttätige Freigabe von geänderten Datensätzen in CAD für die Übertragung nach PPS ohne die Möglichkeit der expliziten Freigabe durch die konstruktionsinterne Kontrollstelle zur Folge. Mit dem Aufbrauchen des Lagerbestandes informiert die Lagerverwaltung die Konstruktionsleitung, die wiederum die Aktivierung der entsprechenden Geometriedaten veranlaßt. Im Anschluß daran ist die Änderung formal nachzuvollziehen. Dazu wird die zu ändernde Zeichnung mit Hilfe der in der Änderungsdatei abgelegten Geometriedaten aktualisiert und die fehlenden teilebeschreibenden alphanumerischen Daten anhand der archivierten Dokumente ergänzt. Hieran schließt sich die Erstellung der Stückliste an. Mit dem Abschluß der Änderung in CAD werden die geänderten Datensätze selbsttätig für die Übertragung nach PPS freigegeben. In PPS sind die Teilestammsätze zu ergänzen und die Rohmaterialien zuzuordnen. Damit ist die Änderung abgeschlossen.

Die Erzeugnisoptimierungen beziehen sich überwiegend auf Maßvarianten, so daß die zugehörigen Variantenprogramme geändert werden müssen. Die Problematik der Synchronisation des Ein- und Auslaufs von Teilen und Gruppen gilt gleichermaßen für Variantenprogramme. Auch hier ist für den auf Basis des zu ändernden Variantenprogramms erstellten Gruppengrundtyp eine neue Identnummer zu vergeben. Im Rahmen der Änderung der Stückliste zu der Gruppe, in die der geänderte Gruppengrundtyp eingeht, stellt sich auch hier das skizzierte Synchronisationsproblem.

Die Stücklistenweiterbearbeitung sieht für Standard- wie Variantenkonstruktionen gleich aus und entspricht der Stücklistenweiterbearbeitung bei Neukonstruktionen. Die Kontrolle auf Fertigungsgerechtheit durch die Arbeitsplaung muß auch hier im Übergabebereich zwischen CAD und PPS erfolgen. Die Arbeitsplanung vergibt die PPS-Identnummer und stößt das Einlesen der von der Konstruktion bereitgestellten Stücklisten und technischen Teilestammsätze in PPS an. Mit der Übertragung der neuen Teile und Gruppen bzw. Variantengrundtypen müssen Teilestammergänzungen und Rohmaterialzuordnung nach erfolgter Freigabe durch die Arbeitsplanung vorgenommen werden. Mit der Freigabe durch die Arbeitsplanung erfolgt die Rückübertragung der PPS-Identnummer an CAD.

### 8.5.4 Recherche

Sowohl Teile als auch Gruppen werden mittels Sachmerkmalen für die Suche nach Ähnlich- und Wiederverwendungsteilen- und -gruppen beschrieben. Bewußt soll die Anzahl der Sachmerkmale auf acht begrenzt werden, um den Aufwand bei der Erfassung in Grenzen zu halten und damit die Anlage der Sachmerkmalsausprägungen für jedes neukonstruierte Teil bzw. Gruppe zu gewährleisten. In Abstimmung mit den Bereichen Vertrieb und Arbeitsvorbereitung wurden die Sachmerkmale festgelegt. Jedoch soll das Suchsystem insbesondere auf die Belange der Konstruktion ausgerichtet sein. Arbeitsvorbereitung und Vertrieb haben über die CAD-Emulation die Möglichkeit, vom PPS-Arbeitsplatz auf das Suchsystem in CAD zuzugreifen.

Umgekehrt greift die Konstruktion von dem für die Nutzung des PPS-Systems vorgesehenen CAD-Arbeitsplatz auf die PPS-Grunddatenverwaltung zu. Insbesondere die Beschaffung von Informationen über Wiederbeschaffungszeiten, aber auch Preise für Rohmaterialien oder Zukaufteile, die nicht in CAD verwaltet werden, sind über diesen Arbeitsplatz für die Konstrukteure in direktem Zugriff.

## 8.6 Beurteilung der realisierten Kopplung

Das in Kapitel 8.5 vorgestellte Kopplungskonzept wurde weitgehend in der vorgestellten Form realisiert. Die bisher vorliegenden Anwendungserfahrungen zeigen, daß die angestrebten Ziele realistisch gesetzt waren und erreicht wurden. Wie bereits ausgeführt, wurde die CAD/PPS-Kopplung im Rahmen der CAD-Einführung realisiert. Mit der CAD-Einführung wurden Variantenprogramme erstellt, die wesentliche Teile des produzierten Erzeugnisprogramms abdecken. Dementsprechend konnte durch die CAD-Einführung eine erhebliche Produktivitätssteigerung erzielt werden. Durch die Nutzung der Variantenprogramme und der CAD/PPS-Kopplung konnte nach Angaben der Geschäftsführung des Unternehmens die Durchlaufzeit eines Kundenauftrages von der Übergabe der Auftragsunterlagen an die Konstruktion bis zur Bereitstellung der Stücklisten für die Disposition durchschnittlich um ca. 30 % verkürzt werden.

Hieran hat die Erstellung der Stücklisten in CAD und die Übertragung nach PPS maßgeblichen Anteil. Nicht zuletzt aufgrund der damit verbundenen Konsistenz von Stückliste und zugehöriger Gruppen-Zeichnung und der deraus resultierenden Einsparung von Korrekturen konnte dieses Ergebnis erreicht werden. Die Mitarbeiter der Bereiche Konstruktion und Arbeitsvorbereitung werden durch die Kopplung von der Routinetätigkeit der Stücklistenerfassung entbunden. Dies wurde als positiv empfunden, da damit Freiräume für kreativere Tätigkeiten entstanden.

Die Nutzeffekte aus der mit der Kopplung geschaffenen Möglichkeit der Suche nach Ähnlich- und Wiederverwendungsteilen können noch nicht quantifiziert werden, da dazu der Datenbestand in der derzeitigen Aufbauphase noch zu gering ist. Insgesamt konnte mit der realisierten CAD/PPS-Kopplung die Reaktionsfähigkeit des Unternehmens auf Anfragen und Aufträge der Kunden wesentlich gesteigert werden.

# 9. Zusammenfassung

Kopplungen zwischen CAD- und PPS-Systemen stehen zunehmend im Mittelpunkt von Rationalisierungsmaßnahmen in Unternehmen des Maschinen- und Anlagenbaus. Auf dem Weg zur rechnerintegrierten Produktion (CIM) stellt die Realisierung einer CAD/PPS-Kopplung einen wesentlichen Schritt dar. Mit der Realisierung einer CAD/PPS-Kopplung können für einen wesentlichen Teil der technischen Auftragsabwicklung Produktivitätsreserven erschlossen und die Durchlaufzeiten positiv beeinflußt werden. Wie sich in der betrieblichen Praxis gezeigt hat, hängt die Ausschöpfung dieser Nutzeffekte wesentlich von der technisch-organisatorischen Gestaltung der Kopplung ab.

Ziel der vorliegenden Arbeit war es daher, einen Beitrag zur technisch-organisatorischen Gestaltung der Kopplung von CAD- und PPS-Systemen in kleinen und mittleren Unternehmen des Maschinen- und Anlagenbaus zu leisten. Dementsprechend wurden Vorschläge zur technisch-organisatorischen Gestaltung dieser Kopplung entwickelt und im Rahmen einer Fallstudie angewendet und geprüft.

Aufbauend auf Begriffsbestimmungen war die Ermittlung des geeigneten methodischen Lösungsansatzes Ausgangspunkt der Arbeit. Gemäß der Zielsetzung, den Anforderungen der Zielgruppe gerecht werdende Gestaltungsvorschläge zu entwickeln, wurde der situative Ansatz ausgewählt. Bedingt durch den innovativen Charakter des Themas CAD/PPS-Kopplung mußte eine Kombination aus analytisch-deduktiven und empirisch-induktiven Schritten der Vorgehensweise zugrundegelegt werden.

Als Voraussetzung für die Entwicklung der Gestaltungsvorschläge wurden zunächst die Funktionen der CAD/PPS-Kopplung ermittelt sowie die mit dieser Kopplung angestrebten Ziele bestimmt. In einem nächsten Schritt erfolgte die Auswahl der für die Zielgruppe im Hinblick auf die Aufgabenstellung relevanten Anforderungsmerkmale mit den zugehörigen Ausprägungen. Zudem wurden die technischen und organisatorischen Merkmale erarbeitet, hinsichtlich derer eine CAD/PPS-Kopplung zu gestalten ist.

Die ausgewählten Anforderungsmerkmale mit den zugehörigen Ausprägungen stellten die Basis für die Ermittlung der für die Zielgruppe im Hinblick auf die Aufgabenstellung charakteristischen Anforderungsprofile dar. Diese Anforderungsprofile bildeten wiederum die Grundlage für die Entwicklung der Gestaltungsvorschläge. Für jedes Anforderungsprofil wurden, differenziert nach den ermittelten Funktionen der CAD/PPS-Kopplung, Vorschläge zur technisch-organisatorischen Gestaltung entwickelt. Gegenstand dieser Gestaltungsvorschläge sind neben Aussagen zur Arbeitsteilung, Kompetenzverteilung und Ablaufstrukturierung auch Anforderungen an die notwendige EDV-Unterstützung. Diese Anforderungen beschränken sich nicht nur auf die Datenübertragung zwischen CAD und PPS, sondern schließen auch die Datenerfassung, -weiterbearbeitung und -verwaltung in CAD und PPS ein. Des weiteren wurden aufeinander abgestimmte technische und organisatorische Maßnahmen zur Datenkonsistenzsicherung erarbeitet.

Im Anschluß hieran erfolgte eine Überprüfung der entwickelten Gestaltungsvorschläge im Rahmen einer Fallstudie in einem Unternehmen der Zielgruppe. Gegenstand dieser Fallstudie war die Erarbeitung eines unternehmensspezifischen Konzeptes für die Gestaltung der CAD/PPS-Kopplung. Wie für die Unternehmen der Zielgruppe typisch, wurde hier die Prämisse gesetzt, ausschließlich Standardsoftware einzusetzen. Dementsprechend stellte der Funktions- und Leistungsumfang des eingesetzten PPS- und CAD-Systems sowie der verfügbaren Kopplungssoftware eine der wesentlichen Rahmenbedingungen dar. Aufbauend auf einer Untersuchung der Ausgangssituation wurde das Unternehmen dem entsprechenden Anforderungsprofil zugeordnet. Der für dieses Profil geforderte Funktions- und Leistungsumfang von CAD- und PPS-System sowie der Kopplungssoftware wurde anschließend auf der Grundlage der Gegebenheiten im Unternehmen spezifiziert und den Möglichkeiten der vorhandenen EDV-Lösung gegenübergestellt. Der von der vorhandenen EDV-Lösung nicht abgedeckte Funktions- und Leistungsumfang war durch organisatorische Regelungen zu kompensieren.

Insgesamt konnte mit der Fallstudie gezeigt werden, daß die entwickelten technisch-organisatorischen Gestaltungsvorschläge für die Unternehmen der Zielgruppe ein effizientes Instrumentarium zur Realisierung einer unternehmensspezifischen Kopplungslösung darstellen. In diesem Zusammenhang soll aber auch darauf hingewiesen werden, daß erst die Einbindung des Personalbereiches und entsprechende Maßnahmen die Ausschöpfung der Nutzeffekte einer solchen Kopplung ermöglichen. Wie eine Untersuchung des Forschungsinstituts für Rationalisierung (FIR) zeigt, gewährleistet erst eine ganzheitliche Gestaltung, die Technik, Organisation und Personal umfaßt, die Erreichung der gesetzten Ziele (vgl. KÖHL u.a. 1989).

## 10. Literaturverzeichnis


ABRAMOVICI, M.; DEBUS, R.: Planung der CAD/PPS-Integration. In: CAD/CAM Report 8(1989)3, S. 56-64.

ANGER, O.: Einführungsstrategie von CAD/CAM als integrierter Baustein der CIM Architektur. In: CIM Management 3(1987)1, S. 45-51.

AWF (Hrsg.): Integrierter EDV-Einsatz in der Produktion. CIM-Computer Integrated Manufacturing - Begriffe, Definitionen, Funktionszuordnung. Hrsg.: Ausschuß für Wirtschaftliche Fertigung (AWF). Eschborn 1985.

BAUERNFEIND, U.: Realisierung von CIM-Konzepten mit Standardkomponenten. In: ZwF 80(1985)9, S. 397-402.

BÄUMER, F.W.: Entwicklung einer Systematik zur vergleichenden Organisationsanalyse technischer Betriebsbereiche am Beispiel Lagerorganisation. Aachen TH Diss. 1981. Forschungsinstitut für Rationalisierung - FIR - Aachen

BÖHM, E.: Konfiguration komplexer Endprodukte mit Expertensystemen. In: FB/IE 35(1986)3, S. 107-113.

BOGDANOW, A.: Allgemeine Organisationslehre. Tektologie. Bd. 1+2. Berlin 1926.

| | |
|---|---|
| BRAUN, M.;<br>FÖRSTER, H.-U.;<br>VORSPEL-RÜTER, F.: | Mit CIM die Zukunft gestalten.<br>Entscheidungshilfen für Unternehmer<br>und Fühungskräfte.<br>Frankfurt 1988.<br>Forschungsinstitut für Rationalisierung<br>- FIR - Aachen |
| BRAUN, M.: | Kopplung von CAD und PPS.<br>Möglichkeiten und Grenzen.<br>Köln 1989.<br>Forschungsinstitut für Rationalisierung<br>- FIR - Aachen |
| BÜHNER, R.; | Zum Situationsansatz in der Organisationsforschung.<br>In: ZO 46(1977)2, S. 113-117. |
| BÜHRER, S.;<br>ABELE, E.;<br>KIRCHHOFF; H.: | Verlagerung von PPS-Funktionen in<br>den CAD-Bereich.<br>In: CAD/CAM (1988)2, S.113-117. |
| DIN 199, Teil 4: | Begriffe im Zeichnungs- und Stücklistenwesen; Änderungen.<br>Berlin 1981. |
| DIN 4000: | Sachmerkmal-Leisten.<br>Berlin 1981. |
| DIN 66001: | Informationsverarbeitung. Sinnbilder und<br>ihre Anwendung.<br>Berlin 1983. |
| EIGNER, M.;<br>RÜDINGER, W.;<br>SCHMICH, M.: | Kopplung von CAD mit PPS- und<br>Informationssystemen als Baustein<br>eines CIM-Konzeptes.<br>In: ZwF 81(1986)11, S. 611-614. |

ENGLERT, H.: CAD-Normalien Datei zur Erleichterung der Konstruktionsarbeit.
In: CAD/CAM/CIM (1987) Oktober, Sonderteil Hanser-Fachzeitschriften. S. CA 92-CA 98.

EVERSHEIM, W.: Organisation in der Produktionstechnik. Band 2: Konstruktion.
Düsseldorf 1982.

EVERSHEIM, W.; STEINFATT, E.: Produktstrukturanalyse mit dem Variantenbaum.
In: Industrie Anzeiger 108(1986)84, S. 49-50.

EVERSHEIM, W.; BRACHTENDORF, T.: PPS - ein zentraler Baustein für CIM.
In: Industrie Anzeiger 59(1987)19, S. 50-59.

EVERSHEIM, W.; OTTENBRUCH, P.: Bearbeitung von Norm- und Zukaufteilen mit CAD.
In: Industrie Anzeiger 61(1989)20, S. 27-35.

FESSMANN, K.-D.: Organisatorische Effizienz in Unternehmungen und Unternehmensteilbereichen.
Düsseldorf 1980.

FÖRSTER. H.-U.: Integration von flexiblen Fertigungszellen in die PPS.
FIR-Forschung für die Praxis: Bd. 19.
Hrsg.: R. Hackstein.
Berlin 1988.
Forschungsinstitut für Rationalisierung - FIR - Aachen

FÖRSTER, H.-U.: CAD/PPS-Kopplung - ein Meilenstein auf dem Weg zur rechnerintegrierten Produktion.
In: CAD-CAM Report 4(1985)1/2, S. 54-59.
Forschungsinstitut für Rationalisierung - FIR - Aachen

GEITNER, U.W.: CIM-Handbuch. Wirtschaftlichkeit durch Integration.
Braunschweig, Wiesbaden 1987.

GROCHLA, E.: Automation und Organisation.
Wiesbaden 1966.

GROCHLA, E.: Einführung in die Organisationslehre.
Stuttgart 1978.

GROCHLA, E.; THOM, N.: Auswahl von Organisationsformen.
In: Handwörterbuch der Organisation.
Hrsg.: E. Grochla.
Stuttgart 1980, Sp. 1494-1517.

GROSSE-OETRINGHAUS, W.-F.: Fertigungstypologie.
Berlin 1974.

HACKSTEIN, R.: Produktionsplanung und -steuerung (PPS) - Ein Handbuch für die Betriebspraxis.
Düsseldorf 1984.
Forschungsinstitut für Rationalisierung - FIR - Aachen

HACKSTEIN, R.: Einführung in die technische Ablauforganisation.
2. Auflage, München, Wien 1988.
Forschungsinstitut für Rationalisierung - FIR - Aachen

HACKSTEIN, R.: Arbeitswissenschaft II und Betriebsorganisation II.
Vorlesungsskript.
Aachen TH 1989.
Forschungsinstitut für Rationalisierung - FIR - Aachen

HACKSTEIN, R.: Fortschritte und Hemmnisse beim Einsatz Neuer Technologien.
In: Einsatz Neuer Technologien aus arbeits- und betriebsorganisatorischer Sicht.
Hrsg.: R. Hackstein.
Köln 1987, S. 1-19.
Forschungsinstitut für Rationalisierung -FIR - Aachen

HACKSTEIN, R.; NÜSSGENS, K. H.; UPHUS, P. H.: Personalwesen in systemorientierter Sicht.
In: Fortschrittliche Betriebsführung 20(1971)1, 27-41.
Institut für Arbeitswissenschaft - IAW - Aachen

HARRINGTON, J.: Computer Integrated Manufacturing.
New York 1973.

HECKEL, H.: Die Produktdatenbank als CIM-Integrationskern.
In: AV 23 (1986)5, S. 174-176.

HEEG, F.-J.: Moderne Arbeitsorganisation.
München, Wien 1988.
Institut für Arbeitswissenschaft - IAW - Aachen

HEIDRICH, R.; SCHMÖDEKE, W.; SEELAND, M.: Relationales Datenmodell vereinfacht Nutzung von Normteil Daten auf CAD-System. In: VDI-Z 129(1987)5, S. 63-65.

HELLWIG, H.-E.; PAULUS, M.; ZIMMER, B.: Auswirkungen der Kopplung von CAD- und CAM-Systemen auf Fertigungsplanung und Fertigung. Düsseldorf 1983.

HELLWIG, H.-E.; HELLWIG, U.; PAULUS, M.: Die Kopplung und die Integration von CAD und CAM, Teil 3. In: VDI-Z 127(1985)1/2, S. 28-32.

HELLWIG, H.-E.; HELLWIG, U.: Schnittstellen. In: CIM-Handbuch. Hrsg.: U.W. Geitner. Braunschweig 1987, S. 202-208.

HEPTING, W.: Verbindung von PPS und CAD als Notwendigkeit von CIM. In: Mit Technologie die Zukunft bewältigen. PPS in der CIM-Umgebung. Band 8. Hrsg.: VDMA. Frankfurt 1988.

HILL, W.; FEHLBAUM, R.; ULRICH, P.: Organisationslehre. Bd. 1+2. Bern, Stuttgart 1974.

HIRSCH-KREINSEN, H.: Technische Entwicklungslinien und ihre Konsequenzen für die Arbeitsgestaltung. In: Rechnerintegrierte Produktion: Zur Entwicklung von Technik und Arbeit in der Metallindustrie. Hrsg.: R. Schultz-Wild; H. Hirsch-Kreinsen. Frankfurt 1986.

HOFF, H.: CIM - Realität und Zukunftsvision zugleich. In: FB/IE 36(1987)1, S. 9-13.

HOFFMANN, F.: Begriff der Organisation. In: Handwörterbuch der Organisation. Hrsg.: E. Grochla. Stuttgart 1980 (=1980a), Sp. 1425-1431.

HOFFMANN, F.: Führungsorganisation. Tübingen 1980 (=1980b).

HOFFMANN, F.: Aufgabe. In: Handwörterbuch der Organisation. Hrsg.: E. Grochla. Stuttgart 1980 (=1980c), Sp. 200-207.

JABBUSCH, M.B.: CAD/PPS-Kopplung mit PSK 2000: Schnittstellenkonzeption zur Kommunikation von Stücklistendaten zwischen dem PPS-System PSK 2000 und CAD-Systemen. Tagungsband Kommtech '87. Essen 1987.

KIENZLE: (Hrsg.) Benutzerhandbuch KIFOS-CAD-KOPPLUNG. VS-Villingen 1989.

KIESER, A.; KUBICEK, H.: Organisation. 2. Auflage, Berlin, New York 1983.

KLEIN, W.: Informationswesen in der Instandhaltung. FIR-Forschung für die Praxis: Bd. 16. Hrsg.: R. Hackstein. Berlin 1988. Forschungsinstitut für Rationalisierung - FIR - Aachen

KLETT, W.; SCHMICH, M.; SCHINDEWOLF, S.: Integrierte Anwendung eines CAD-Systems im Anlagenbau der Lufttechnik. In: CAD/CAM/CIM (1988) Oktober, Sonderteil in Hanser-Fachzeitschriften, S. CA 100-CA 107.

KNOBLICH, H.: Betriebswirtschaftliche Warentypologie. Köln, Opladen 1969.

KOCH, R.: Koordinierte Datenverwaltung für CAD, CAM und PPS. Ein wirtschaftlicher Ansatz zur rechnerintegrierten Produktion. In: VDI-Z 131 (1989) 1, S. 32-36.

KÖLLE, J.: PPS als zentraler Baustein von CIM. In: FB/IE 37(1988), S. 10-13.

KÖHL, E.: Entwicklung und Erprobung eines Instrumentariums zur Gestaltung der Datenintegration bei CIM. Aachen TH Dissertationsmanuskript 1989. Forschungsinstitut für Rationalisierung - FIR - Aachen

KÖHL, E.; ESSER, U.; KEMMNER, A.; FÖRSTER, H.-U.: CIM zwischen Anspruch und Wirklichkeit. Erfahrungen, Trends, Perspektiven. Köln 1989. Forschungsinstitut für Rationalisierung - FIR - Aachen

KOSIOL, E.: Organisation der Unternehmung. Wiesbaden 1962.

KOSIOL, E.: Grundprobleme der Ablauforganisation. In: Handwörterbuch der Organisation. Hrsg.: E. Grochla. Stuttgart 1980, Sp. 1-8.

KOSMAS, I.: Strategien und Hilfsmittel für die Montagevorbereitung in Unternehmen der Einzel- und Kleinserienproduktion. Aachen TH Diss. 1988.

KRÜGER, G.: Informations- und Datenflüsse im computerunterstützten Änderungsdienst. In: CAD-CAM Report 8(1988)2, S. 80-86.

LAMBERT, V.; KRÖLLER, K.; NIESS, S.: PPS-Integration für den Mittelstand - Realisierbar oder Utopie? Rechnergestützte Produktion beiZwick. In: Produktionsforum '88. Die CIM-fähige Fabrik. Hrsg.: H.-J. Bullinger. Berlin 1988, S. 470-485.

LAY, G.; MICHLER, T.; SCHILLING, A.; WAEBER, D.: Exploration von Fallbeispielen der Vernetzungslinie CAD/PPS. Dortmund 1988.

LAY, G.; MICHLER, T.; SCHILLING, A.; WAEBER, D.: Die Integration von CAD und PPS. In: Technische Rundschau (1989)11, S. 10-15.

LEY, W.: Entwicklung von Entscheidungshilfen zur Integration der Fertigungshilfsmitteldisposition in EDV-gestützte Produktionsplanungs- und -steuerungssysteme. Aachen TH Diss. 1985. Forschungsinstitut für Rationalisierung - FIR - Aachen

LINKE, J.: Ingenieurdatenbank für die Unterstützung von Entwicklung und Konstruktion. In: ZwF 82(1987)11, S. 632-636.

LINKE, J.; KIRCHHOFF, H.; SIMPER, J.: CAD/PPS-Kopplung in einem mittleren Betrieb des Maschinenbaus. In: CAD/CAM/CIM (1988) Oktober, Sonderteil in Hauser-Fachzeitschriften, S. CA 85-CA 90.

LUTTNER, G.: Integrierte Automatisierung industrieller Gesamtsysteme. In: VDI-Berichte 580. Düsseldorf 1985, S. 1-16.

MAIER, H.: Die CIM Wunderwaffe gibt es nicht. In: Der Erfolg 36(1987)1/2, S. 16-18.

MAIER, H.: Von CAD über CAD/CAM zu CIM. In: CIM Management 4(1988)3, S. 8-13.

MENSCH, M.: Einführung von PPS und CAD in einem mittelständischen Unternehmen. In: ZwF 82(1987)2, S. 79-81.

MEYER, P.: Die Entwicklung der Organisationswissenschaft im deutschsprachigen Raum. Köln 1985.

MÜLLER, W.: Entwicklungsstufen der Organisationstheorie. In: WISU 4(1975), S. 51-56.

MÜLLER, W.: Entwicklungsstufen der Organisationstheorie: Der situative Ansatz (III). In: WISU 9(1979), S. 371-375.

NEDESS, C.; LANDVOGT, F.B.: Rechnerintegrierte Auftragsabwicklung. In: VDI-Z 128(1986)14, S. 540-546.

NEUBURG, F.A.: CAD/PPS-Kopplung für den klein- und mittelständischen Betrieb: Integrationslösung mit PC-Kopplung, Tagungsband Kommtech '87. Essen 1987.

NITZSCHE, M.: Entwicklung von Entscheidungshilfen zur Gestaltung der NC-Organisation bei Einsatz von CNC-Einzelmaschinensystemen unter besonderer Berücksichtigung der Arbeitsteilung. Aachen TH Diss. 1987. Forschungsinstitut für Rationalisierung - FIR - Aachen

NORDSIECK, F.: Grundlagen der Organisationslehre. Stuttgart 1934.

OBERMANN, K.: CAD/CAM Handbuch 85/86.
München 1985.

PFOHL, H.C.: Problemorientierte Entscheidungsfindung in Organisationen.
Berlin, New York 1977.

PIEPER-MUSIOL, R.: Entwicklung von Entscheidungshilfen zur Auswahl und Benutzung von Kommissioniersystemen.
Aachen TH Diss. 1982.
Forschungsinstitut für Rationalisierung - FIR - Aachen

POESTGES, A.: CIM zum Mitmachen.
In: Mega 2(1987)5, S. 73-82.

POESTGES, A.: Der Einsatz von Entscheidungstabellen in der Auftragsklärung.
In: Arbeitsvorbereitung 25(1988)3, S. 92-95.

REFA (Hrsg.): Methodenlehre der Planung und Steuerung.
Teil 1.
München 1985.

ROOS, E.; LOEFFELHOLZ, F: v.; FÖRSTER, H.-U.: Marktspiegel - PPS-Systeme auf dem Prüfstand:
Leistungsbeschreibung von Standardsystemen zur Produktionsplanung und -steuerung (PPS).
Hrsg.: R. Hackstein.
Köln 1988.
Forschungsinstitut für Rationalisierung - FIR - Aachen

SCHARFENKAMP, N.: Gestaltung und wirtschaftlicher Erfolg. Berlin, New York 1987.

SCHEER, A.-W.: Schnittstellen zwischen betriebswirtschaftlicher und technischer Datenverarbeitung in der Fabrik der Zukunft. Veröffentlichungen des Instituts für Wirtschaftsinformatik Nr. 44. Saarbrücken 1984.

SCHEER, A.-W.: CIM-Konzept. In: Planung und Produktion 34(1986) (=1986a)10, S. 11-13.

SCHEER, A.-W.: Rechnerverbund steigert Leistung. In: MM 92(1986) (=1986b)14, S. 34-38.

SCHEER, A.-W.: Stand- und Entwicklungstendenzen der CIM-Implementierung. In: Produktionsforum '88. Die CIM-fähige Fabrik. Hrsg.: H.-J. Bullinger. Stuttgart 1988, S. 345-365.

SCHOLZ, B.: CIM-Schnittstellen, Konzepte, Standards und Probleme der Verknüpfung von Systemkomponenten in der rechnerintegrierten Produktion. München 1988.

SCHOMBURG, E.: Entwicklung eines betriebstypologischen Instrumentariums zur systematischen Ermittlung der Anforderungen an EDV-gestützte Produktionsplanungs- und -steuerungssysteme im Maschinenbau. Aachen TH Diss. 1980. Forschungsinstitut für Rationalisierung - FIR - Aachen

SCHULTZ-WILD, R:; NUBER, CH.; REHBERG, F.; SCHMIERL, K.: An der Schwelle zu CIM. Verbreitung, Strategien und Auswirkungen. Köln 1989.

STOLZER, A.: Verwirklichung eines integrierten CAD-Konzeptes bei einem Sägen- und Lagerhersteller. In: CAD/CAM/CIM (1987) Mai, Sonderteil in Hanser-Fachzeitschriften, S. CA 14-CA 19.

STRACK, M.: Organisatorische Gestaltung einer zentralen Werkstattsteuerung. FIR-Forschung für die Praxis: Bd. 10. Hrsg.: R. Hackstein. Berlin 1987. Forschungsinstitut für Rationalisierung - FIR - Aachen

THOMPSON, J.-D.: Organizsations in Action. New York 1967.

TIETZ, B.: Bildung und Verwendung von Typen in der Betriebswirtschaftslehre. Dargelegt am Beispiel der Typologie der Messen und Ausstellungen. Köln 1960.

TÖNSHOFF, H.K.; SCHUNKE, A:; BECKENDORFF, U.: Fertigungs- und normgerechte Konstruktion und Ähnlichteilsuche mit elementorientierter CAD Benutzerschale. In: VDI-Z 129(1987)5, S. 52-57.

ULRICH, H.: Betriebswirtschaftliche Organisationslehre. Bern 1949.

VDMA (Hrsg.): Datenaustausch zwischen CAD- und PPS-Systemen. Frankfurt 1988.

VIRNICH, M.: Betriebsdatenerfassung in Konstruktion und Arbeitsplanung. FIR-Forschung für die Praxis: Bd. 15. Hrsg.: R. Hackstein. Berlin 1988. Forschungsinstitut für Rationalisierung - FIR - Aachen

WEINGÄRTNER, J.: EDV-gestützte Instandhaltung. FIR-Forschung für die Praxis: Bd. 17. Hrsg.: R. Hackstein. Berlin 1988. Forschungsinstitut für Rationalisierung - FIR - Aachen

WILD, J.: Grundlagen und Probleme der betriebswirtschaftlichen Organisationslehre. Berlin 1966.

WIRTH, R.: Gestaltungslösungen integrierter Fertigungen. Berlin 1966.

ZELEWSKI, S.: Schnittstellen bei betrieblichen Informationssystemen - eine Darstellung aus systemtheoretischer und betriebswirtschaftlicher Sicht. Arbeitsbericht Nr. 6 des Seminars für allgemeine Betriebswirtschaftslehre, Industriebetriebslehre und Produktionswirtschaft der Universität zu Köln.
Köln 1986.

# 11. Anhang

## A 1 Programmnetze für die CAD/PPS-Kopplung

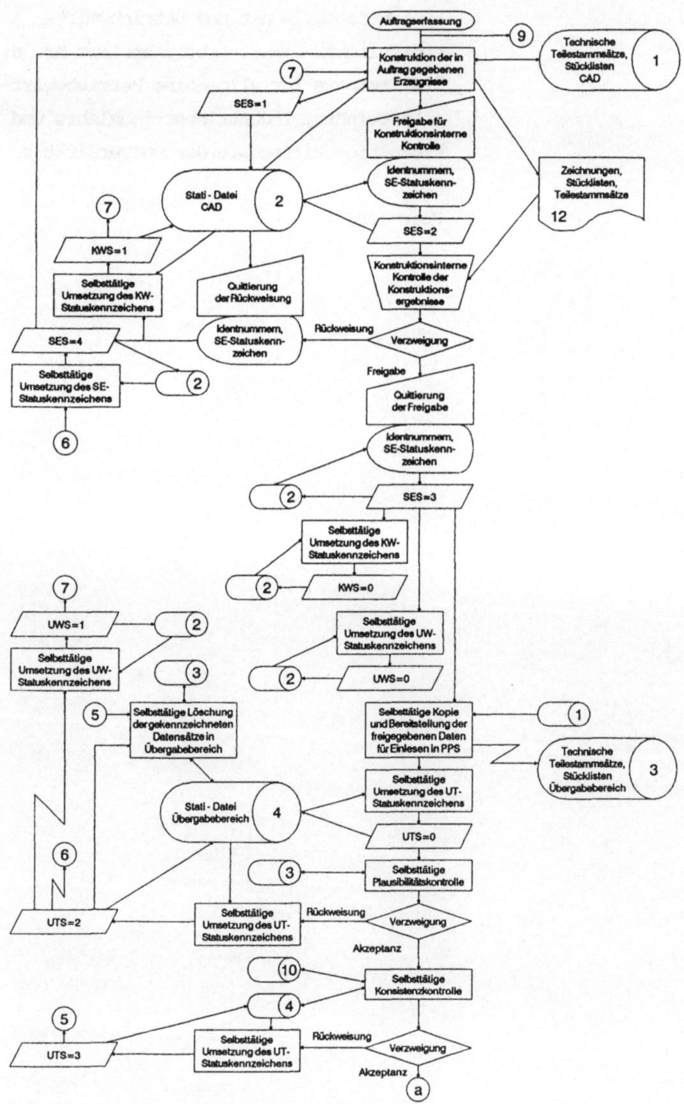


Abb. A 1.1a: Programmnetz gemäß DIN 66001 für eine CAD/PPS-Kopplung bei Anforderungsprofil A

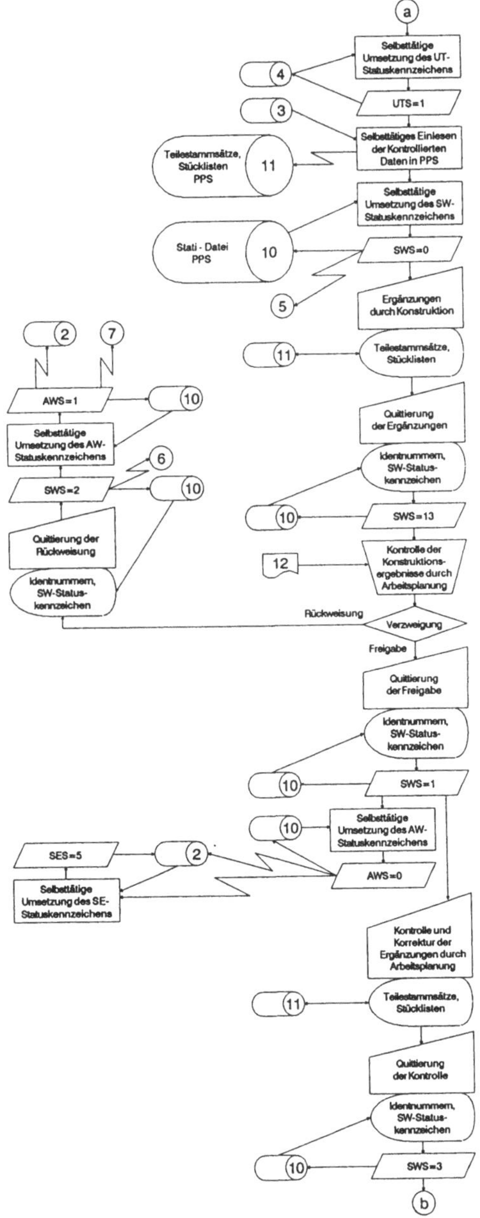


Abb. A 1.1b: Programmnetz gemäß DIN 66001 für eine CAD/PPS-Kopplung bei Anforderungsprofil A

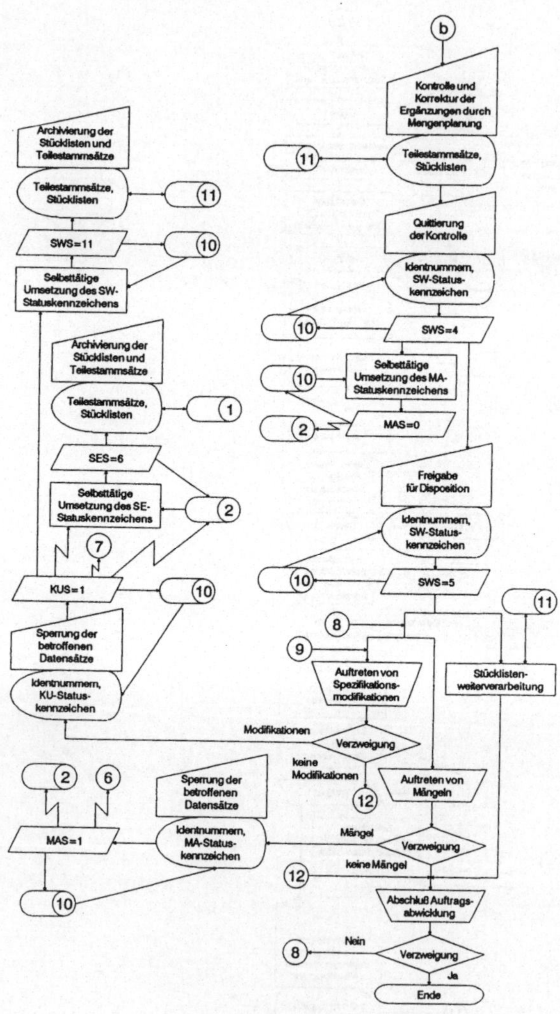


Abb. A 1.1c: Programmnetz gemäß DIN 66001 für eine CAD/PPS-Kopplung bei Anforderungsprofil A

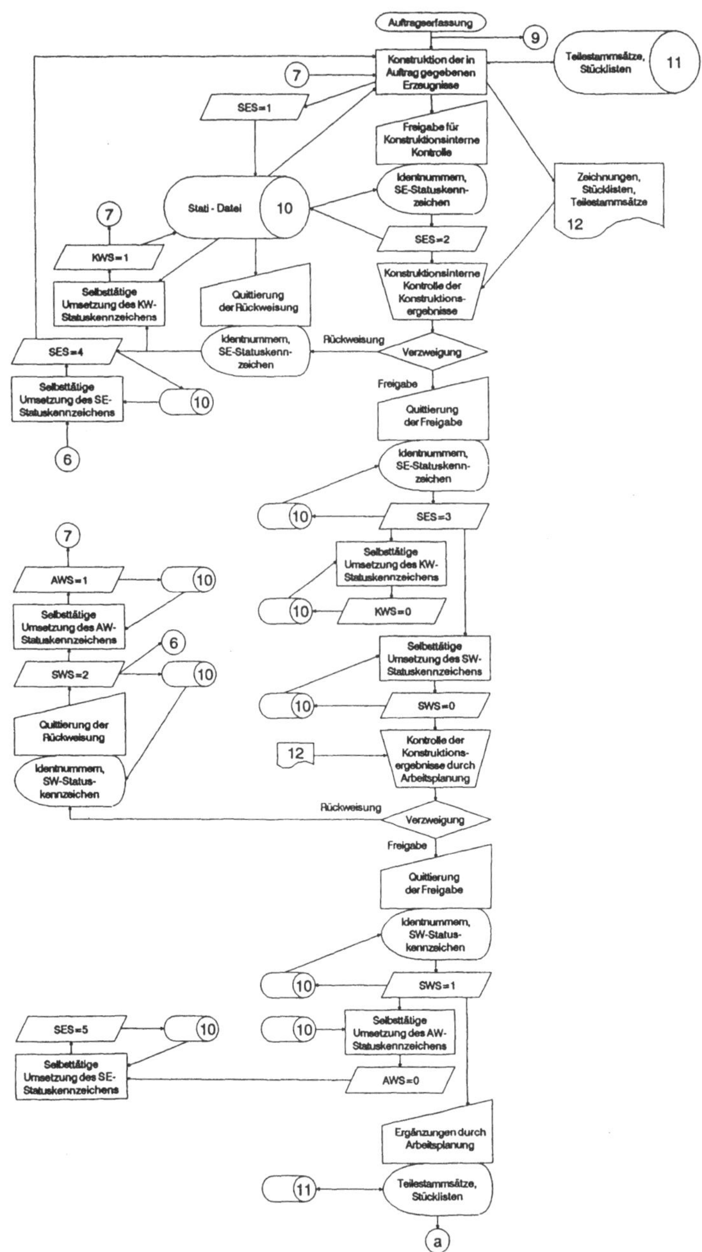


Abb. A 1.2a: Programmnetz gemäß DIN 66001 für eine CAD/PPS-Kopplung bei Anforderungsprofil B

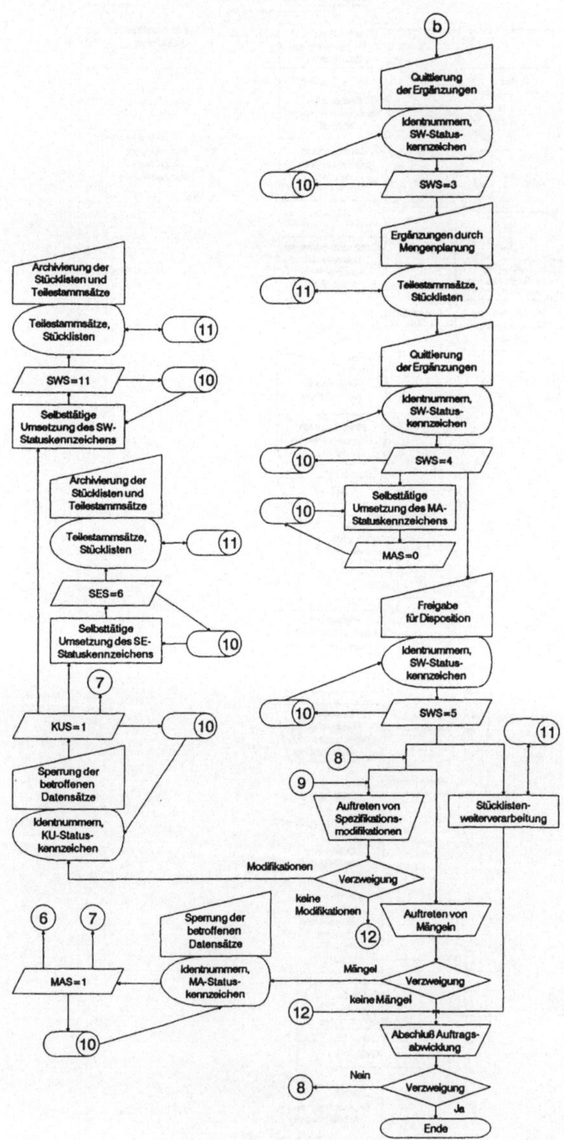


Abb. A 1.2b: Programmnetz gemäß DIN 66001 für eine CAD/PPS-Kopplung bei Anforderungsprofil B

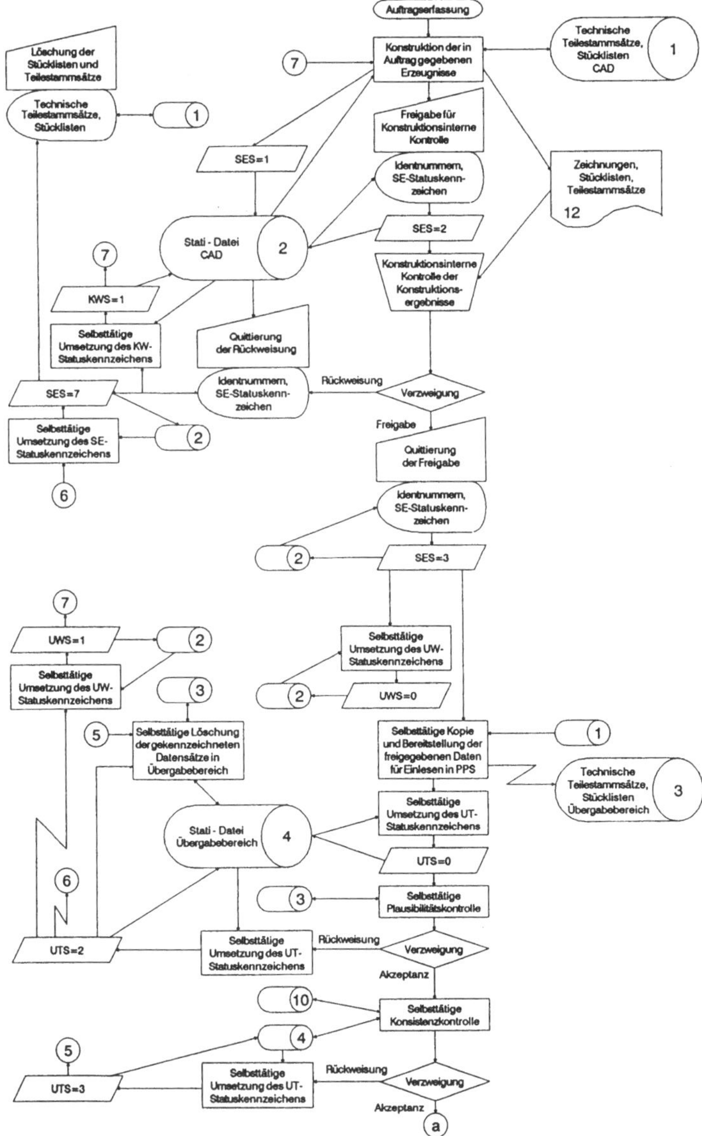


Abb. A 1.3a: Programmnetz gemäß DIN 66001 für eine CAD/PPS-Kopplung bei Anforderungsprofil C am Beispiel der Maßvariantenkonstruktion

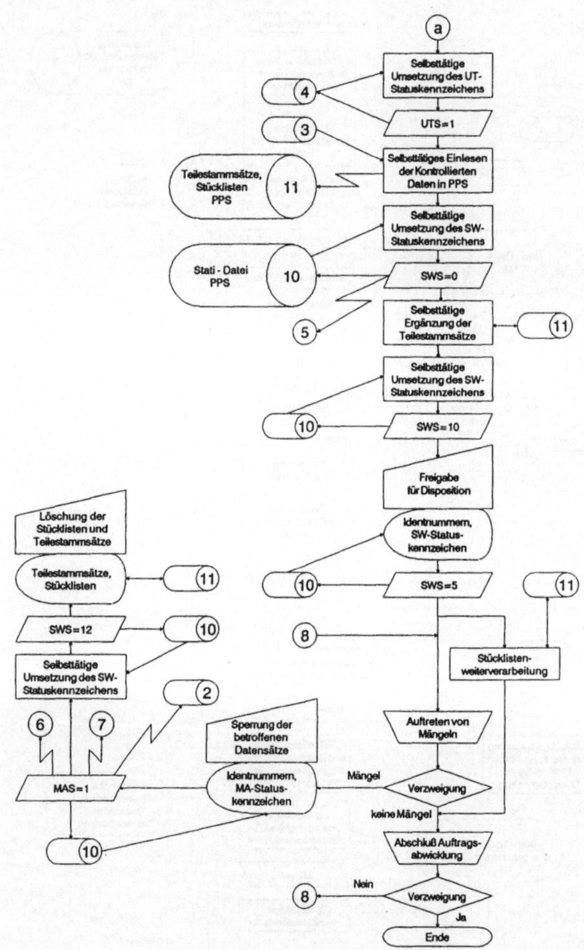


Abb. A 1.3b: Programmnetz gemäß DIN 66001 für eine CAD/PPS-Kopplung bei Anforderungsprofil C am Beispiel der Maßvariantenkonstruktion

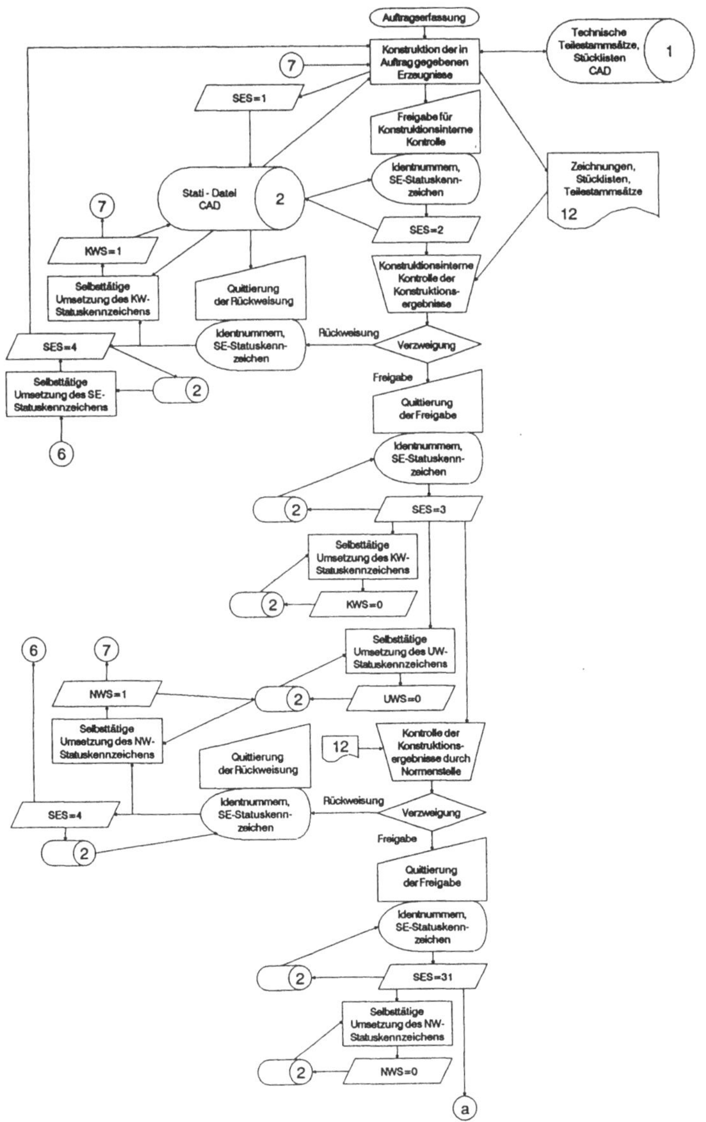


Abb. A 1.4a: Programmnetz gemäß DIN 66001 für eine CAD/PPS-Kopplung bei Anforderungsprofil C am Beispiel der Sonderkonstruktion

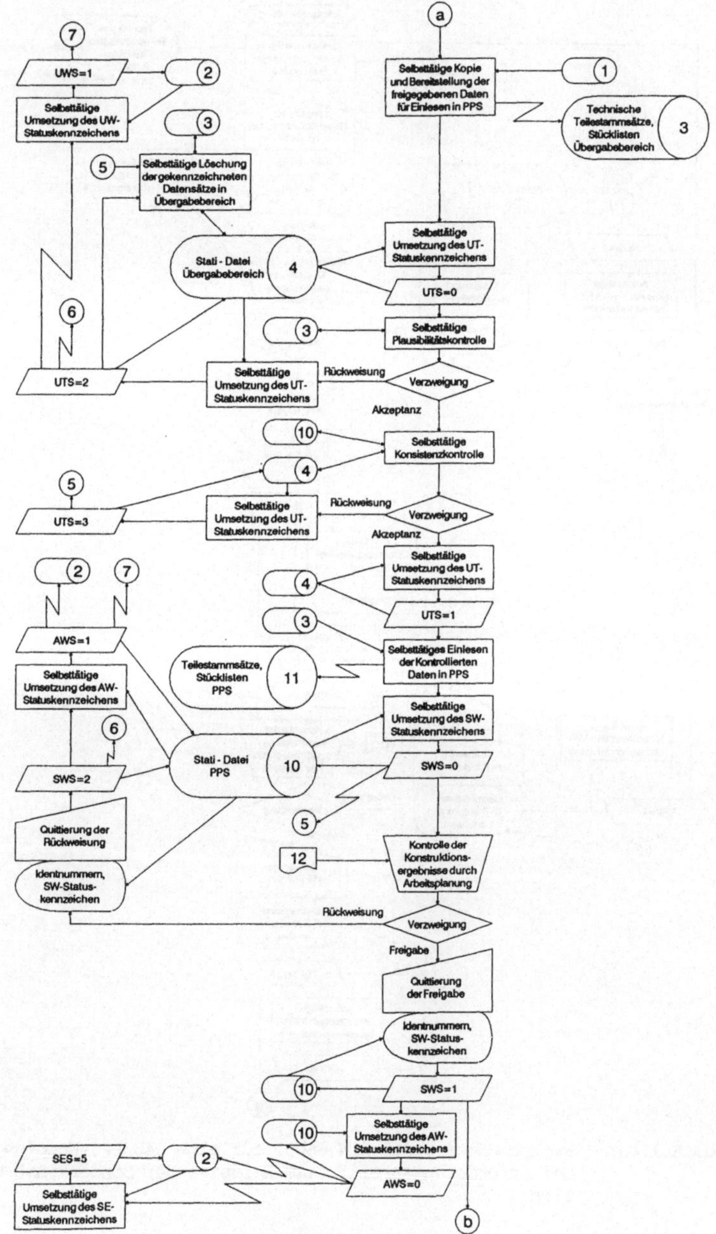


Abb. A 1.4b: Programmnetz gemäß DIN 66001 für eine CAD/PPS-Kopplung bei Anforderungsprofil C am Beispiel der Sonderkonstruktion

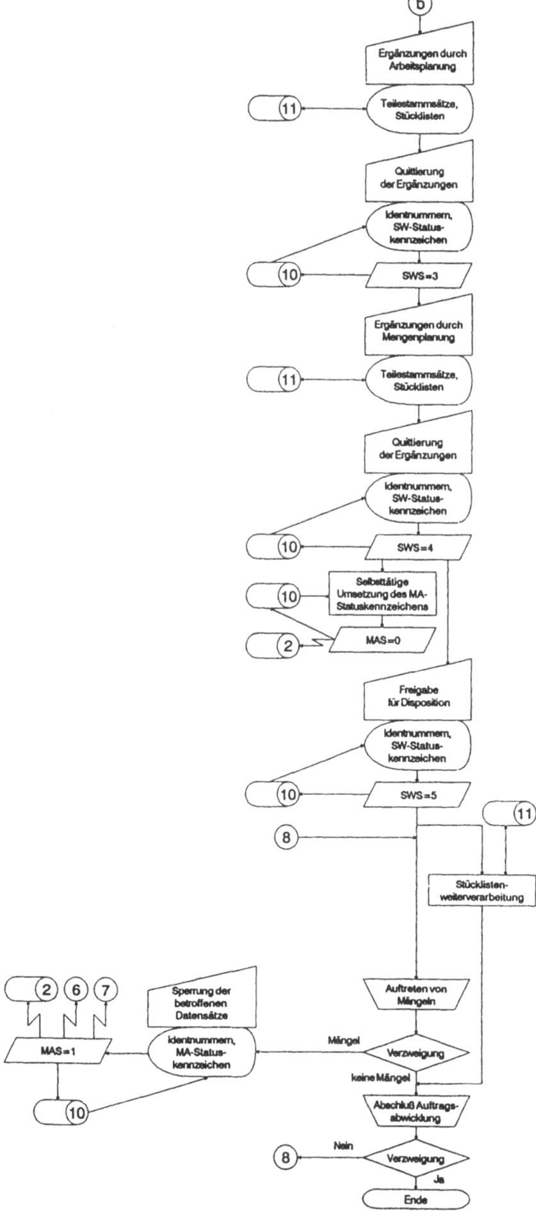


Abb. A 1.4c: Programmnetz gemäß DIN 66001 für eine CAD/PPS-Kopplung bei Anforderungsprofil C am Beispiel der Sonderkonstruktion

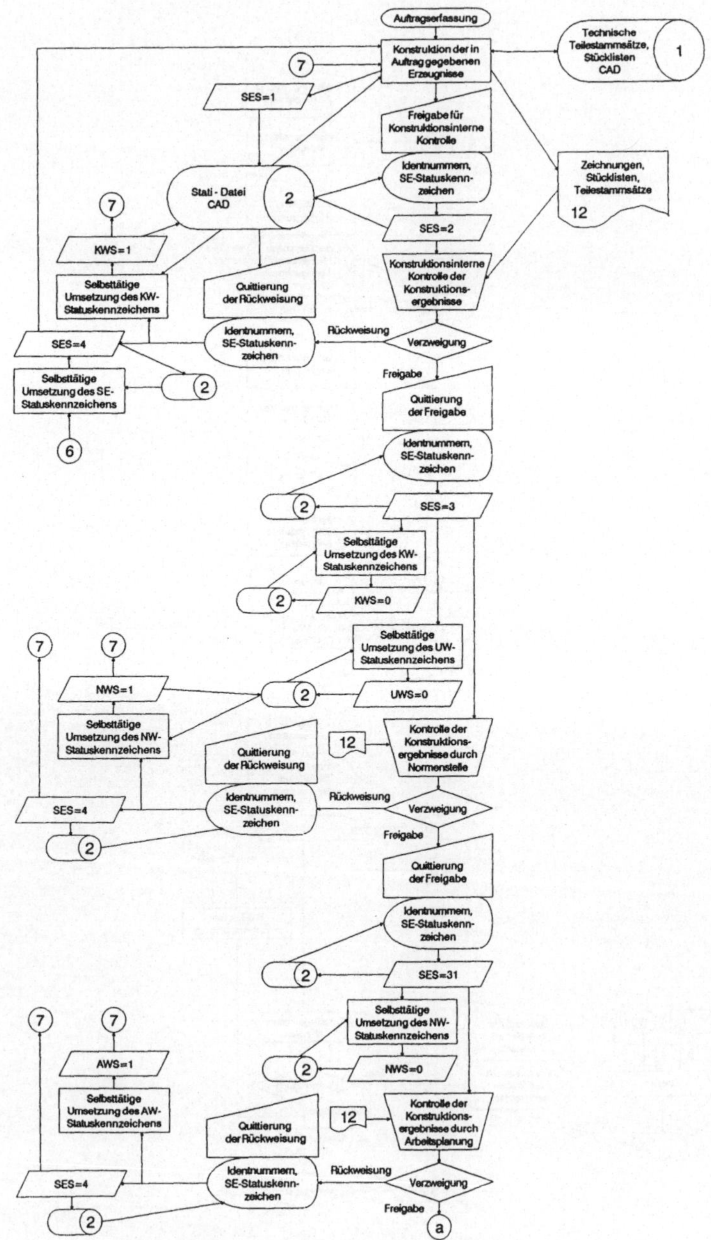


Abb. A 1.5a: Programmnetz gemäß DIN 66001 für eine CAD/PPS-Kopplung bei Anforderungsprofil D für die Erzeugnisentwicklung

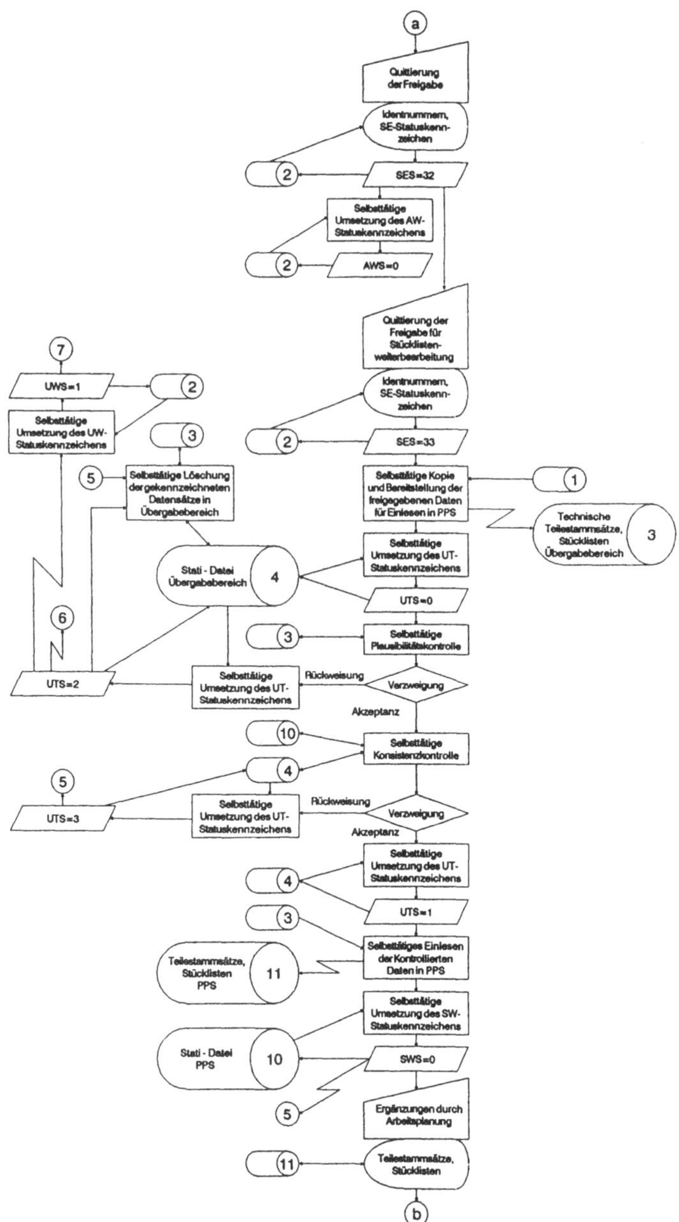


Abb. A 1.5b: Programmnetz gemäß DIN 66001 für eine CAD/PPS-Kopplung bei Anforderungsprofil D für die Erzeugnisentwicklung

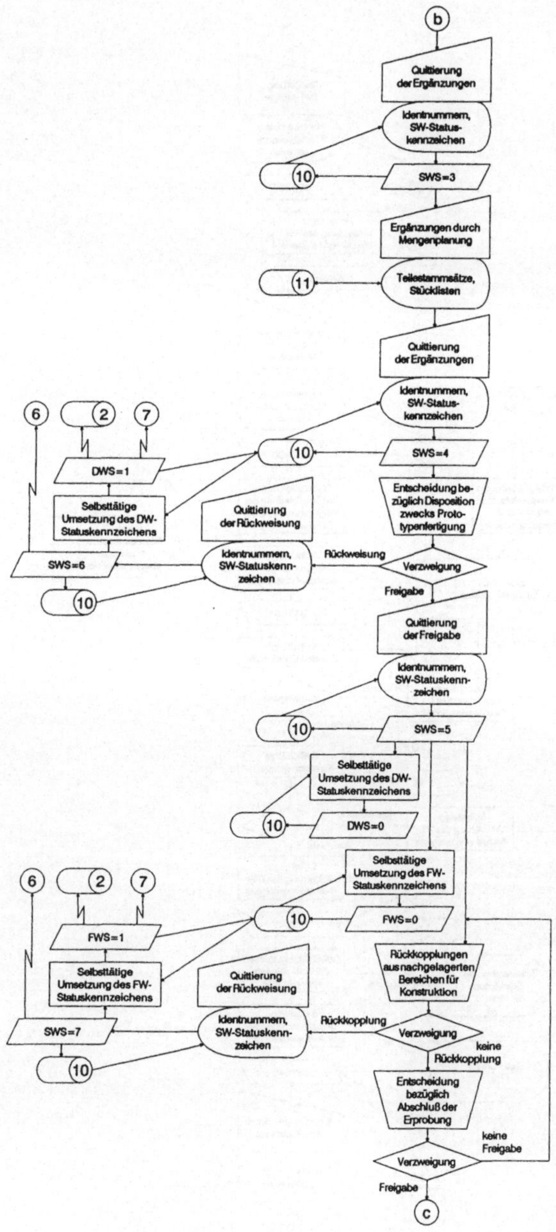


Abb. A 1.5c: Programmnetz gemäß DIN 66001 für eine CAD/PPS-Kopplung bei Anforderungsprofil D für die Erzeugnisentwicklung

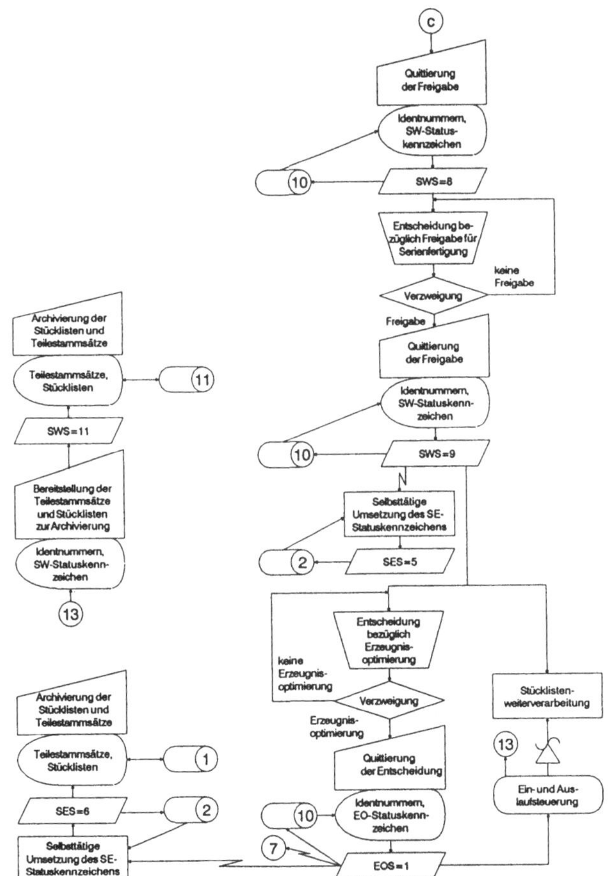


Abb. A 1.5d: Programmnetz gemäß DIN 66001 für eine CAD/PPS-Kopplung bei Anforderungsprofil D für die Erzeugnisentwicklung

## A 2 Definition der Statuskennzeichenzustände

### Stücklistenerstellungs-Statuskennzeichen (SES)

| Kennziffern | Zustandsbeschreibungen | Anforderungsprofil A | B | C | D |
|---|---|---|---|---|---|
| 1 | Datensatz bei Konstruktionsmitarbeiter in Bearbeitung; keine Möglichkeit der Änderung und/oder Wiederverwendung durch andere Konstruktionsmitarbeiter | x | x | x | x |
| 2 | Datensatz von Konstruktionsmitarbeiter für konstruktionsinterne Kontrolle freigegeben; keine Möglichkeit der Änderung und/oder Wiederverwendung durch Ersteller und/oder andere Konstruktionsmitarbeiter | x | x | x | x |
| 3 | Datensatz von konstruktionsinterner Kontrollstelle für Weiterbearbeitung freigegeben; keine Möglichkeit der Änderung und/oder Wiederverwendung durch Ersteller und/oder andere Konstruktionsmitarbeiter | x | x | x | x |
| 31 | Datensatz von Normenstelle für Weiterbearbeitung freigegeben; keine Möglichkeit der Änderung und/oder Wiederverwendung durch Ersteller und/oder andere Konstruktionsmitarbeiter | | | x | x |
| 32 | Datensatz von Arbeitsplanung für Weiterbearbeitung freigegeben; keine Möglichkeit der Änderung und/oder Wiederverwendung durch Ersteller und/oder andere Konstruktionsmitarbeiter | | | | x |
| 33 | Datensatz von Entwicklungsprojektleitung für Weiterbearbeitung freigegeben; keine Möglichkeit der Änderung und/oder Wiederverwendung durch Ersteller und/oder andere Konstruktionsmitarbeiter | | | | x |
| 4 | Datensatz gegen Wiederverwendung gesperrt; Möglichkeit der Änderung des Datensatzes; | x | x | x | x |
| 5 | Datensatz gegen Änderung gesperrt; Möglichkeit der Wiederverwendung des Datensatzes; | x | x | x | x |

| | | | | | |
|---|---|---|---|---|---|
| 6 | Datensatz gegen Wiederverwendung gesperrt und zur Archivierung bereitgestellt; keine Möglichkeit der Anwendung | x | x | x | x |
| 7 | Datensatz gegen Wiederverwendung gesperrt und zur Löschung bereitgestellt; keine Möglichkeit der Änderung | | | x | |

Wiedervorlage-Statuskennzeichen der konstruktionsinternen Kontrolle (KWS)

| Kennziffern | Zustandsbeschreibungen | Anforderungsprofil | | | |
|---|---|---|---|---|---|
| | | A | B | C | D |
| 0 | Datensatz freigegeben bzw. Rückweisung des Datensatzes aufgehoben | X | X | X | X |
| 1 | Datensatz von konstruktionsinterner Kontrolle an Ersteller zur Wiedervorlage rückgewiesen | X | X | X | X |

Wiedervorlage-Statuskennzeichen der Normenstelle (NWS)

| Kennziffern | Zustandsbeschreibungen | Anforderungsprofil | | | |
|---|---|---|---|---|---|
| | | A | B | C | D |
| 0 | Datensatz freigegeben bzw. Rückweisung des Datensatzes aufgehoben | | | x | x |
| 1 | Datensatz von Normenstelle an Ersteller zur Wiedervorlage rückgewiesen | | | x | x |

Wiedervorlage-Statuskennzeichen der Arbeitsplanung (AWS)

| Kennziffern | Zustandsbeschreibungen | Anforderungsprofil A | B | C | D |
|---|---|---|---|---|---|
| 0 | Datensatz freigegeben bzw. Rückweisung des Datensatzes aufgehoben | x | x | x | x |
| 1 | Datensatz von Arbeitsplanung an Ersteller zur Wiedervorlage rückgewiesen | x | x | x | x |

Wiedervorlage-Statuskennzeichen der Kontrollroutinen bei Übertragung der Daten von CAD nach PPS (UWS)

| Kennziffern | Zustandsbeschreibungen | Anforderungsprofil A | B | C | D |
|---|---|---|---|---|---|
| 0 | Datensatz freigegeben bzw. Rückweisung des Datensatzes aufgehoben | x | x | x | x |
| 1 | Datensatz aufgrund von Plausibilitätsfehlern an Ersteller zur Wiedervorlage rückgewiesen | x | x | x | x |

Übertragungs-Statuskennzeichen (UTS)

| Kennziffern | Zustandsbeschreibungen | Anforderungsprofil A | B | C | D |
|---|---|---|---|---|---|
| 0 | Datensatz zur Plausibilitäts- und Konsistenzkontrolle bereitgestellt | x | x | x | x |
| 1 | Datensatz für Einlesen in PPS aus Übergabebereich bereitgestellt | x | x | x | x |
| 2 | Datensatz von Plausibilitäts-Kontrollroutinen rückgewiesen | x | x | x | x |

| | | | | | |
|---|---|---|---|---|---|
| 3 | Datensatz von Konsistenzkontrollroutinen und für Löschung bereitgestellt | x | x | x | x |

Stücklistenweiterbearbeitung-Statuskennzeichen (SWS)

| Kennziffern | Zustandsbeschreibungen | Anforderungs-profil | | | |
|---|---|---|---|---|---|
| | | A | B | C | D |
| 0 | Datensatz nach Übertragung für Weiterbearbeitung in PPS bereitgestellt | x | x | x | x |
| 13 | Datensatz von Konstruktion ergänzt | x | | | |
| 1 | Datensatz von Arbeitsplanung für Weiterbearbeitung freigegeben | x | x | x | |
| 2 | Datensatz von Arbeitsplanung an Ersteller rückgewiesen | x | x | x | |
| 3 | Datensatz von Arbeitsplanung ergänzt und/oder Ergänzungen der Konstruktion kontrolliert und korrigiert; Datensatz für Ergänzung durch Mengenplanung bereitgestellt | x | x | x | x |
| 4 | Datensatz von Mengenplanung ergänzt und/oder Ergänzungen der Konstruktion kontrolliert und korrigiert; Datensatz steht zur Freigabe für Disposition bereit | x | x | x | x |
| 5 | Datensatz für Disposition freigegeben | x | x | x | x |
| 6 | Datensatz von Mengenplanung an Ersteller rückgewiesen | | | x | x |
| 7 | Datensatz aus Fertigung oder Erzeugniserprobung an Ersteller rückgewiesen | | | x | x |
| 8 | Datensatz steht nach Abschluß der Erzeugniserprobung für Kundenauftragsabwicklung/Serienfertigung zur Freigabe für Verwendung bei Kundenauftragsabwicklung/Aufnahmeserienfertigung bereit | | | x | x |
| 9 | Datensatz für Verwendung bei Kundenauftragsabwicklung/Aufnahme Serienfertigung freigegeben | | | x | x |

| | | A | B | C | D |
|---|---|---|---|---|---|
| 10 | Datensatz nach selbsttätiger Ergänzung zur Freigabe für Dispositionen bereitgestellt | | | x | |
| 11 | Datensatz gegen Weiterbe- und -verarbeitung gesperrt und zur Archivierung bereitgestellt | x | x | x | x |
| 12 | Datensatz gegen Weiterverarbeitung gesperrt und zur Löschung bereitgestellt | | | x | |

Wiedervorlage-Statuskennzeichen der Mengenplanung (DWS)

| Kennziffern | Zustandsbeschreibungen | Anforderungsprofil A | B | C | D |
|---|---|---|---|---|---|
| 0 | Datensatz freigegeben bzw. Rückweisung des Datensatzes aufgehoben | | | x | x |
| 1 | Datensatz von Mengenplanung an Ersteller rückgewiesen | | | x | x |

Wiedervorlage-Statuskennzeichen der Prototypenfertigung (FWS)

| Kennziffern | Zustandsbeschreibungen | Anforderungsprofil A | B | C | D |
|---|---|---|---|---|---|
| 0 | Datensatz freigegeben bzw. Rückweisung des Datensatzes aufgehoben | | | x | x |
| 1 | Datensatz von Fertigung oder Erzeugniserprobung an Ersteller rückgewiesen | | | x | x |

Kundensperr-Statuskennzeichen (KUS)

| Kennziffern | Zustandsbeschreibungen | Anforderungsprofil A | B | C | D |
|---|---|---|---|---|---|
| 0 | Datensatz war bislang nicht Gegenstand von Änderungen | x | x | | |
| 1 | Datensatz aufgrund Spezifikationsmodifikationen durch Kunden an Konstruktion rückgewiesen | x | x | | |

Mangelsperr-Statuskennzeichen (MAS)

| Kennziffern | Zustandsbeschreibungen | Anforderungsprofil A | B | C | D |
|---|---|---|---|---|---|
| 0 | Datensatz freigegeben bzw. Rückweisung des Datensatzes aufgehoben | x | x | x | |
| 1 | Datensatz mangelbehaftet; an Ersteller rückgewiesen | x | x | x | |

Erzeugnisoptimierungssperr-Statuskennzeichen (EOS)

| Kennziffern | Zustandsbeschreibungen | Anforderungsprofil A | B | C | D |
|---|---|---|---|---|---|
| 0 | Datensatz war bislang nicht Gegenstand von Änderungen | x | x | x | |
| 1 | Datensatz ist zur Änderung bereitgestellt bzw. Gegenstand von laufenden Änderungen | x | x | x | |

## A 3 Pflichtenheft für die Bewertung der im Unternehmen der Fallstudie einzusetzenden Kopplungslösung

**Anforderungen an die Variantenkonstruktion**

- Erfassung der kundenauftragsspezifischen Variantenparameterwerte in PPS
- Bereitstellung dieser Werte für CAD
- Abbildung der Zugriffskompetenzen in PPS
- Übertragung der Variantenparameterwerte von PPS nach CAD
- Freigabe dieser Werte in CAD für Weiterbearbeitung mittels Statuskennzeichen
- Führen der PPS-Identnummer des Variantengrundtyps im technischen Teilestammsatz der auf Basis der Variantenprogramme erstellten Teile und Gruppen
- Selbsttätige Vergabe der PPS-Identnummer
- Selbsttätige Ergänzung der Teilestammsätze und Zuordnung des Rohmaterials in PPS anhand PPS-Identnummer des jeweiligen Variantengrundtyps

Abb. A 3.1: Zusammenstellung der Anforderungen an die Variantenkonstruktion

**Anforderungen an die Anlage der technischen Teilestammsätze**

- Logisch redundanzfreie Verwaltung der teilebeschreibenden alphanumerischen Daten wie technische Teilestamm-, Zeichnungsschriftfeld-, Zeichnungsverwaltungs- und Recherchedaten
- Logische Verknüpfung der teilebeschreibenden alphanumerischen Daten mit den Geometriedaten
- Einmalige Erfassung aller teilebeschreibenden alphanumerischen Daten
- Vergabe der PPS-Identnummern in CAD; blockweise Übertragung der PPS-Identnummern aus PPS nach CAD
- Nutzung der PPS-Identnummer in CAD als direkter Zugriffsschlüssel
- Führen der PPS-Identnummer des Ausgangsteils, aus dem durch Anpassungen ein neues Teil erstellt wurde, in einem speziellen Feld des technischen Teilestammsatzes
- Übernahme von Daten aus Geometrie, wie beispielsweise Hauptmaße, in den technischen Teilesteammsatz
- Kopiermöglichkeiten, die die Kopie aller zu einem Teil gehörenden Daten, also sowohl teilebeschreibenden alphanumerischen Daten wie Geometriedaten, gewährleisten, ohne das der Bezug zwischen teilebeschreibenden und Geometriedaten verloren geht
- Kontrollroutinen, die die Erfassung der teilebeschreibenden alphanumerischen Daten hinsichtlich Plausibilität und Konsistenz, hier insbesondere auf die Vergabe der Identnummern, unterstützen

Abb. A 3.2: Zusammenstellung der Anforderungen an die Anlage der technischen Teilestammsätze

**Anforderungen an die Stücklistenerstellung**

- Logisch redundanzfreie Verwaltung der Stücklisten in CAD durch vollständige Abbildung in den zugehörigen Gruppen- Zeichnungen
- Logische Verbindung zwischen den Stücklistenkopf-, Zeichnungsschriftfeld-, Zeichnungsverwaltungs- und Rechnerdaten
- Einmalige Erfassung der Stücklistenkopf-, Zeichnungsschriftfeld-,Zeichnungsverwaltungs- und Rechnerdaten
- Definition von Unterstrukturen (Gruppen niedriger Ordnung) in Gruppen-Zeichnungen; Anlage von Stammsätzen zu definierten Gruppen innerhalb der Stücklistenerstellung (Möglichkeit des Funktionssprungs)
- Möglichkeit der manuellen Zuordnung von Positionsnummern; kein Vergabeautomatismus, um grobe Montagereihenfolge abbilden zu können
- Kontrollroutine, die die Vergabe von Positionsnummern an alle Stücklistenkomponenten gewährleisten sowie sicherstellen, daß gleiche Teile oder Gruppen gleiche Positionsnummern erhalten
- Kumulierung gleicher Teile und Gruppen
- Selbsttätige Zuordnung der stücklistenrelevanten Teilestammdaten zu Positionen
- Kopiermöglichkeit von Gruppen-Zeichnungen, die die Kopie aller zugehörigen Stücklistendaten gewährleistet
- Kontrollroutinen, die die Stücklistenerstellung im Hinblick auf Plausibilität und Konsistenz unterstützen
- Verwaltung von Zeichnungen, Stücklisten und Teilestammsätzen zu gleichen Teilen und Gruppen, jedoch unterschiedlichen Entwicklungsständen in CAD bzw. PPS
- Abbildung der Entwicklungsstände mit Hilfe eines speziellen Kennzeichens
- Zugriff von CAD- Arbeitsplätzen auf PPS- Daten zwecks Übertragung von Daten nach CAD (Auftragsdaten, Teilestammdaten zu Zukaufteilen)
- Abbildung der Zugriffskompetenzen in den Benutzerrechten des PPS-Systems
- Kontrollmöglichkeiten bei der Datenübertragung von PPS und CAD entsprechend der Übertragung der technischen Teilestammsätze und Stücklisten von CAD nach PPS (vgl. Stücklistenweiterbearbeitung)

Abb. A 3.3: Zusammenstellung der Anforderungen an die Stücklistenerstellung

**Anforderungen an die Stücklistenweiterbearbeitung (1)**

- Führen eines Stücklistenerstellungs- und -weiterbearbeitungs-Statuskennzeichens in CAD und PPS; mindestens 6 Freigabestellen müssen abgebildet werden

- Führen eines Statuskennzeichens in CAD und PPS, das die Datenübertragung steuert und beschreibt (Übertragungs-Statuskennzeichen)

- Logische Verbindung von Stücklistenerstellungs- und Übertragungs-Statuskennzeichen; mit Quittieren der Freigabe muß selbsttätig Datenübertragung durch Umsetzen des Stücklistenerstellungs-Statuskennzeichens ausgelöst werden

- Sperrung der neukonstruierten Teile und Grupen gegen Wiederverwendung in CAD, bis diese vollständig bearbeitet und freigegeben sind; letzte Freigabe in PPS muß Sperrung in CAD aufheben

- Benachrichtigung der datenempfangenden Stellen mittels Mailing; insbesondere zwischen CAD- und PPS-Arbeitsplätzen

- Kontrollroutinen, die die Qualität der von PPS aus CAD einzulesenden Daten sichern; müssen den Plausibilitäts- und Konsistenzkontrollen, die bei der manuellen Erfassung in PPS durchgeführt werden, entsprechen

- Abweisungen durch Kontrollroutinen müssen unabhängig davon, ob Stücklisten oder zugehörige Teilestammsätze fehlerbehaftet sind, stets Stückliste und zugehörige Teilestammsätze gemeinsam zurückweisen, da Folgefehler nicht ausgeschlossen werden können, die Korrekturen sowohl in Stücklisten als auch in Teilestammsätzen erfordern

- Selbsttätige Rücksetzung des Stücklistenerstellungs-Statuskennzeichens mit Abweisung der Stücklisten und Teilestammsätze durch Kontrollroutinen

- selbsttätige Benachrichtigung des Bearbeiters über Abweisung der Stücklisten und Teilestammsätze durch Kontrollroutinen

- Zeitpunkt der Datenübertragung muß frei wählbar, unabhängig von Zyklen sein

- Selbsttätige Synchronisation von CAD- und PPS-System

- Selbsttätige Reorganisation ggf. erforderlicher Zwischendateien

- Abbildung der Kompetenzen für Teilestammergänzungen in den Benutzerrechten in PPS

Abb. 3.4a: Zusammenstellung der Anforderungen an die Stücklistenweiterbearbeitung

| **Anforderungen die Stücklistenweiterbearbeitung (2)** |
| --- |
| - Quittierung der Teilestammergänzung mit Hilfe des Stücklistenweiterbearbeitungs-Statuskennzeichens<br>- Abbildung der Kompetenz für Rohmaterialzuordnung in den Benutzerrechten in PPS<br>- Quittierung der Rohmaterialzuordnung mit Hilfe des Stücklistenweiterbearbeitungs-Statuskennzeichens<br>- Informationsmöglichkeiten in CAD und PPS hinsichtlich des Bearbeitungsstandes von Teilestammsätzen und Stücklisten; Auswertung von Stücklistenerstellungs- und -weiterbearbeitungs-Statuskennzeichen |

Abb. A 3.4 b: Zusammenstellung der Anforderungen an die Stücklistenweiterbearbeitung

**Anforderungen an das Änderungswesen**

- Sperren aller betroffenen Datensätze, durchgängig in CAD und PPS
- Abbildung der Kompetenzen zur Sperrung in CAD und PPS
- Selbsttätige Rücksetzung des Stücklistenerstellungs-Statuskennzeichens mit Sperrung für alle betroffenen Datensätze in CAD und PPS
- Durchführung von Teileverwendungsnachweisen in CAD und PPS
- Selbsttätige Benachrichtigung des zuständigen Konstruktionsmitarbeiters über Fehler; Möglichkeit der Erläuterung der Gründe
- Führen eines Statuskennzeichens, das beschreibt, ob eine Änderung (keine neue Identnummer) oder eine Neuanlage (neue Identnummer) erfolgte; Auslegung der Konsistenzkontrollen, so daß dieses Änderungs-Statuskennzeichen als differenzierendes Datum interpretiert werden kann
- Führen eines Kennzeichens, das den Änderungsstand bei Erzeugnisoptimierungen beschreibt
- Möglichkeit des Hochzählens des Änderungsstandkennzeichens mit Kopie der betreffenden Datensätze in CAD zum Zwecke der Verbesserungsänderung/Erzeugnisoptimierung
- Selbsttätige Sperrung aller Datensätze zu den Teilen und Gruppen gegen Wiederverwendung, die sich in Änderung befinden
- Selbsttätige Rücksetzung des Stücklistenerstellungs-Statuskennzeichens der zu ändernden Datensätze mit Kopie dieser Datensätze
- Nachträgliche Umwandlung einer ersetzenden Änderung (keine neue Identnummer) in eine ergänzende Änderung (neue Identnummer)
- Führen alternativer Stücklistenpositionen in CAD und PPS (Ein- und Auslaufsteuerung bei ersetzenden Änderungen)
- Vergabe einer Änderungsauftragsnummer unter der zusammengefaßt Änderungen durchgeführt und geänderte Datensätze in CAD und PPS verwaltet werden
- Kontrollroutinen, die die Ausführung der Änderungen in allen Verwendungen sichern

Abb. A 3.5: Zusammenstellung der Anforderungen an das Änderungswesen

**Anforderungen an die Recherche**

- Suchmöglichkeiten auf Teile- und Gruppen-Ebene (Ähnlich- und Wiederverwendungsteile und -gruppen)
- Anlage erzeugnisspezifischer Suchbegriffe
- Erfassung der für Suchvorgang erforderlichen Recherchedaten im Rahmen der Anlage der technischen Teilestammdaten
- Logische redundanzfreie Verwaltung der Recherchedaten zu übrigen, teilebeschreibenden alphanumerischen Daten
- Informationsbeschaffung von CAD-Arbeitsplatz aus PPS-Grunddatenverwaltung
- Komfortabler Zugriff auf PPS-Grunddatenverwaltung; Vermeidung von Wartezeiten für Verbindungsaufbau; geringer Aufwand für Nutzung (Eingabeaufwand)

Abb. A 3.6: Zusammenstellung der Anforderungen an die Recherche

## A 4 Dokumentation der für das Unternehmen der Fallstudie entwickelten Abläufe

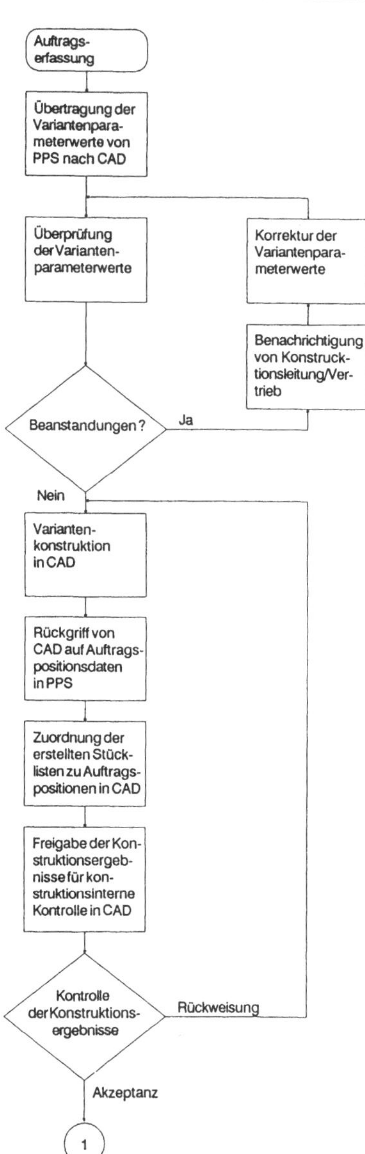


Abb. A 4.1a: Ablauf der Variantenkonstruktion

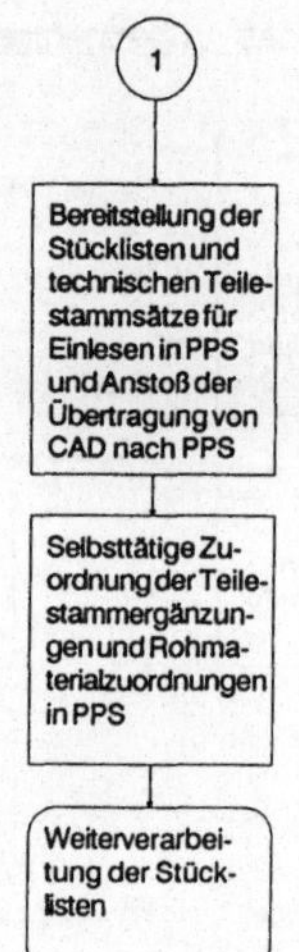


Abb. A 4.1b: Ablauf der Variantenkonstruktion

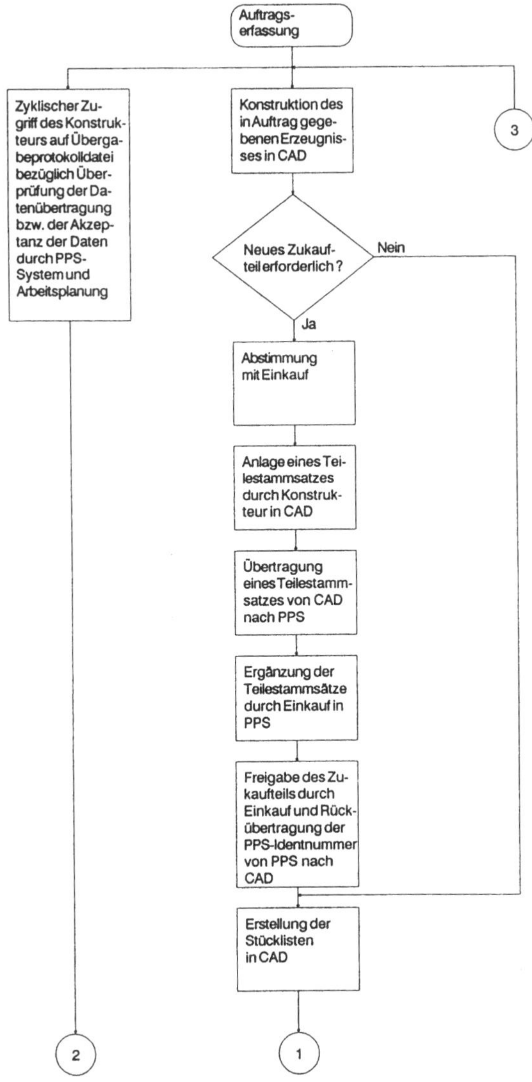


Abb. A 4.2a: Ablauf der Stücklistenerstellung bei Sonderkonstruktionen

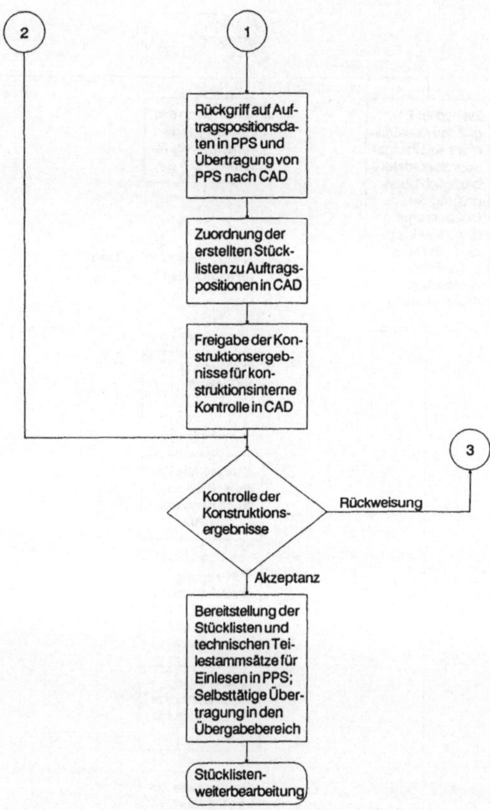


Abb. A 4.2b: Ablauf der Stücklistenerstellung bei Sonderkonstruktionen

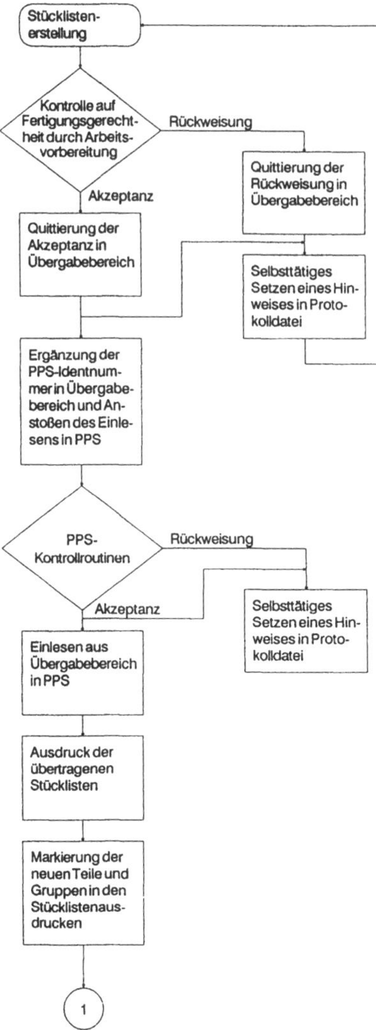


Abb. A 4.3a: Ablauf der Stücklistenweiterbearbeitung bei Sonderkonstruktionen

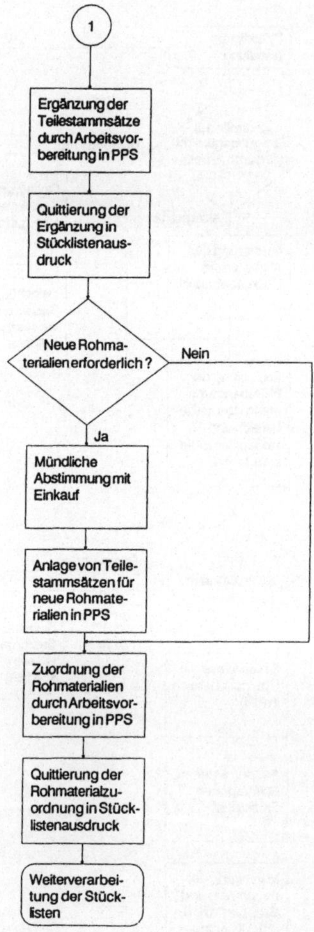


Abb. A 4.3b: Ablauf der Stücklistenweiterbearbeitung bei Sonderkonstruktionen

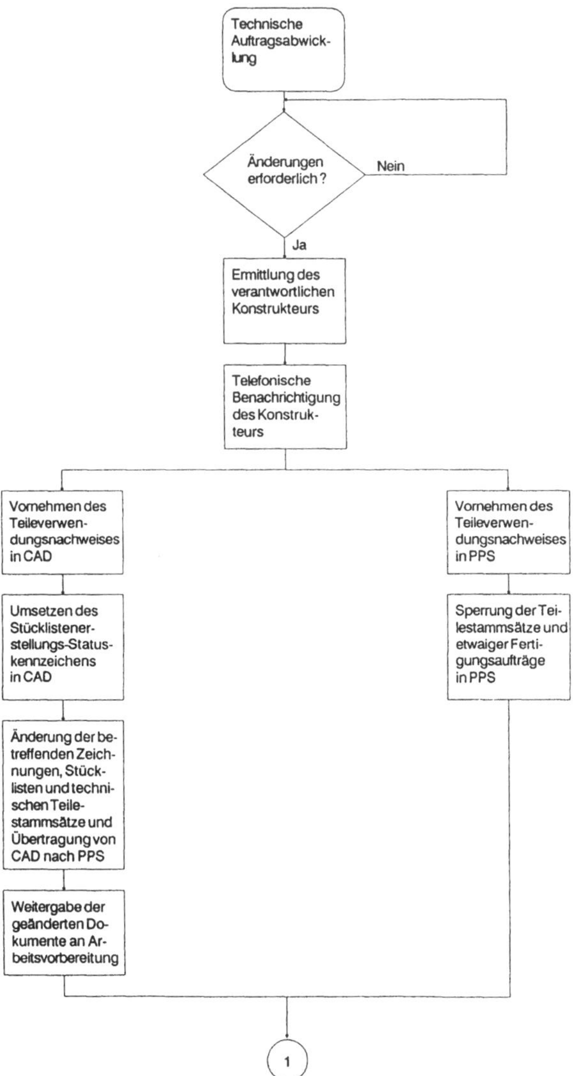


Abb. A 4.4a: Ablauf des Änderungsvorgangs bei technischen Mängeln

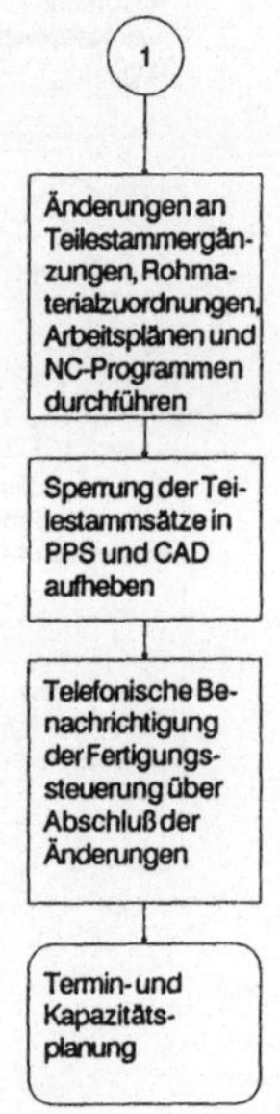


Abb. A 4.4b: Ablauf des Änderungsvorgangs bei technischen Mängeln

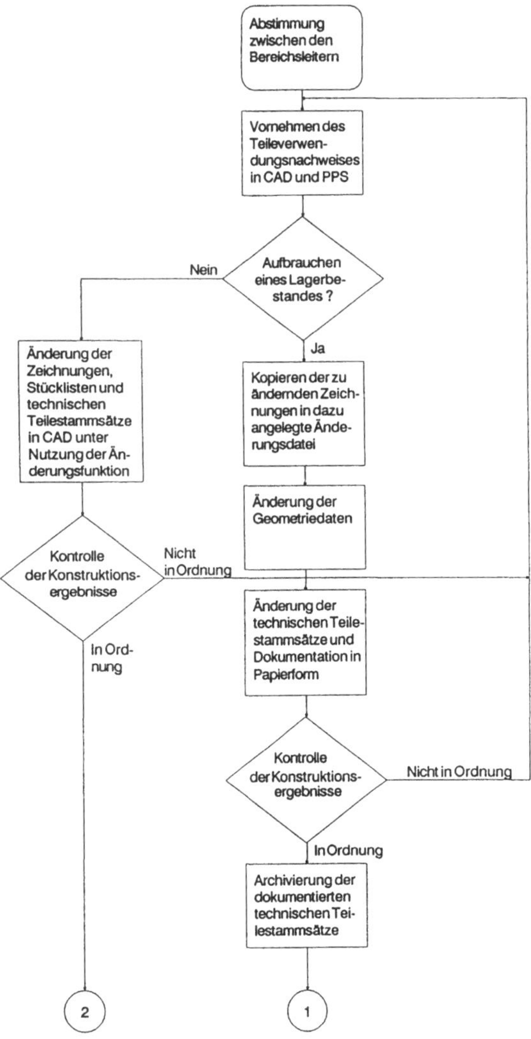


Abb. A 4.5a: Ablauf des Änderungsvorgangs bei Erzeugnisoptimierungen

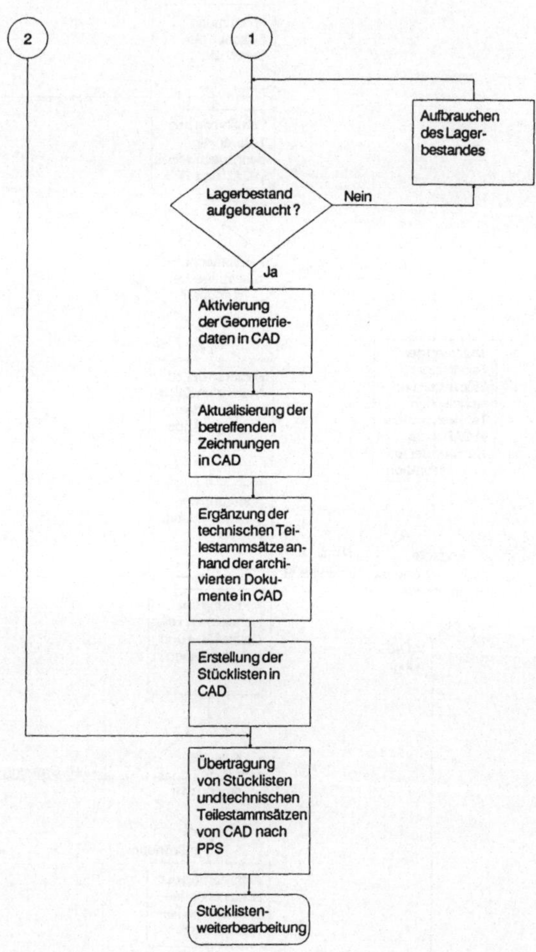


Abb. A 4.5b: Ablauf des Änderungsvorgangs bei Erzeugnisoptimierungen

## FIR + IAW
## Forschung für die Praxis

Berichte aus dem Forschungsinstitut für Rationalisierung (FIR), Aachen, und dem Lehrstuhl und Institut für Arbeitswissenschaft (IAW) der Rheinisch-Westfälischen Technischen Hochschule Aachen.

Herausgeber: Univ.-Prof. Dr.-Ing. R. Hackstein

1 **Qualitätszirkel und andere Gruppenaktivitäten**
Von F. J. Heeg. ISBN 3-540-15498-1.
1985, 232 Seiten mit 45 Abbildungen und 17 Tabellen 68,- DM

2 **Planung und Auslegung von Palettenlagern**
Von P. Bauer. ISBN 3-540-15499-X.
1985, 148 Seiten mit 42 Abbildungen und 8 Tabellen 68,- DM

3 **Kennzahlen in der Distribution**
Von W. Konen. ISBN 3-540-15624-0.
1985, 150 Seiten mit 9 Abbildungen und 7 Tabellen 68,- DM

4 **Personalbedarf der Arbeitsplanung**
Von P. Bresser. ISBN 3-540-15625-9.
1985, 179 Seiten mit 65 Abbildungen und 6 Tabellen 68,- DM

5 **Analyse und Grobprojektierung von Logistik-Informationssystemen**
Von O. Gast. ISBN 3-540-15626-7.
1985, 187 Seiten mit 68 Abbildungen und 20 Tabellen 68,- DM

6 **Flexibilität in der Fertigung**
Von R. Grob. ISBN 3-540-16159-7.
1986, 158 Seiten mit 25 Abbildungen und 20 Tabellen 68,- DM

7 **Rechnergestützte Planung von Durchlaufregallagern**
Von E.-J. Ribbert. ISBN 3-540-16160-0.
1986, 154 Seiten mit 30 Abbildungen und 7 Tabellen 68,- DM

8 **Wirtschaftliche Arbeitsplanung in der Instandhaltung**
Von W. Jütting. ISBN 3-540-16701-3.
1986, 145 Seiten mit 40 Abbildungen 68,- DM

9 **Planung des Personalbedarfs in indirekten Bereichen**
Von K. Hemmers. ISBN 3-540-16702-1.
1986, 149 Seiten mit 73 Abbildungen 68,- DM

10 **Organisatorische Gestaltung einer zentralen Werkstattsteuerung**
Von M. Strack. ISBN 3-540-17570-9.
1987, 150 Seiten mit 48 Abbildungen 68,- DM

11 **Planzeiten für Konstruktion und Arbeitsplanung**
Von K.-G. Konrad. ISBN 3-540-18040-0.
1987, 151 Seiten mit 49 Abbildungen 68,- DM

12 **Integrierte Produktionsplanung**
Von E. Gillessen. ISBN 3-540-18614-X.
1988, 149 Seiten mit 45 Abbildungen 68,- DM

13 **Einführung von Informations- und Kommunikationstechnologie**
Von R. Junker. ISBN 3-540-18845-2
1988, 157 Seiten mit 26 Abbildungen und 42 Tabellen 68,- DM

14 **Personal Computer in kleinen Produktionsunternehmen**
Von H. Hoff. ISBN 3-540-19407-X.
1988, 158 Seiten mit 64 Abbildungen 68,- DM

15 **Betriebsdatenerfassung in Konstruktion und Arbeitsplanung**
Von M. Virnich. ISBN 3-540-19408-8.
1988, 194 Seiten mit 50 Abbildungen 68,- DM

16 **Informationswesen in der Instandhaltung**
Von W. Klein. ISBN 3-540-50177-0.
1988, 152 Seiten mit 61 Abbildungen 68,- DM

17 **EDV-gestützte Instandhaltung**
Von J. Weingärtner. ISBN 3-540-50178-9.
1988, 171 Seiten mit 52 Abbildungen 68,- DM

18 **Termin- und Kapazitätsplanung der Arbeitsplanung**
Von G. Steger. ISBN 3-540-50179-7.
1988, 195 Seiten mit 99 Abbildungen 68,- DM

19 **Integration von flexiblen Fertigungszellen in die PPS**
Von H.-U. Förster. ISBN 3-540-50181-9.
1988, 179 Seiten mit 78 Abbildungen 68,- DM

20 **Bestimmung des Automatisierungsgrades der rechnergestützten NC-Programmierung**
Von V. Pfennig. ISBN 3-540-50229-7.
1988, 150 Seiten mit 59 Abbildungen 68,- DM

21 **Auswahl und Beurteilung EDV-gestützter IPS-Systeme**
Von U. Breer. ISBN 3-540-50747-7.
1989, 158 Seiten mit 58 Abbildungen und 23 Tabellen 68,- DM

22 **Sicherheit bei Instandhaltungsarbeiten**
Von P. Hartung. ISBN 3-540-50748-5.
1989, 189 Seiten mit 81 Abbildungen 68,- DM

23 **Die Computersimulation – Instrumentarium zur Gestaltung komplexer Arbeitssysteme**
Von F.-J. Gaksch. ISBN 3-540-51536-4.
1989, 172 Seiten mit 64 Abbildungen und 23 Tabellen 68,- DM

24 **Rechnergestützte Konstruktionsarbeit – Humane und wirtschaftliche Gestaltung von Organisation, Technik und Qualifikation**
Von S. Schreuder. ISBN 3-540-51660-3.
1989, 190 Seiten mit 67 Abbildungen und 16 Tabellen 68,- DM

25 **Rechnergestützte Produktionsplanung und -steuerung – Effizienzorientierte Auswahl anpaßbarer Standardsoftware**
Von E. Miessen. ISBN 3-540-51829-0.
1989, 190 Seiten mit 24 Abbildungen und 7 Tabellen 68,- DM

26 **Materialflußorientierte Termin- und Kapazitätsplanung – Ein Konzept für Serienfertiger**
Von K. Treutlein. ISBN 3-540-51872-X.
1990, 176 Seiten mit 56 Abbildungen und 5 Tabellen 68,- DM

27 **Konzepte der CAD / PPS-Kopplung**
Von M. Braun. ISBN 3-540-52492-4.
1990, 228 Seiten mit 67 Abbildungen 68,- DM